三峡工程水库调度关键期流域气候特征及预测方法

肖　舸　崔讲学　主编

气象出版社

China Meteorological Press

内容简介

本书对三峡水库调度的汛期、蓄水期、供水期、消落期四个关键期的降水时空分布特征进行了全面、系统的分析。重点分析了长江上游六大子流域(金沙江流域、岷沱江流域、嘉陵江流域、乌江流域、宜宾至重庆流域、重庆至宜昌流域)的汛期降水,旱涝特征和区域性暴雨过程,蓄水期连阴雨过程,以及长江上游首场强降水、最后一场强降水和金沙江干湿季节转换特征。对汛期、蓄水期降水异常和金沙江干湿季节转换环流特征进行了初步诊断分析。介绍了动力与统计相结合以及模式产品降尺度解释应用等多种方法在关键期延伸期预报和降水趋势预测中的应用。

本书可供政府决策以及电力部门水库水资源合理开发和调度时参考使用,也可供气象、水文、电力等领域的科研人员使用。

图书在版编目(CIP)数据

三峡工程水库调度关键期流域气候特征及预测方法 /
肖舸,崔讲学主编. —北京 : 气象出版社,2014.11
　ISBN 978-7-5029-6034-6

　Ⅰ. ①三… Ⅱ. ①肖… ②崔… Ⅲ. ①三峡水利工程
—气候特点②三峡水利工程—天气预报—方法 Ⅳ.
①P468.271.9

中国版本图书馆 CIP 数据核字(2014)第 242885 号

SanXia Gongcheng Shuiku Diaodu Guanjianqi Liuyu Qihou Tezheng ji Yuce Fangfa

三峡工程水库调度关键期流域气候特征及预测方法

出版发行:气象出版社			
地　　址:北京市海淀区中关村南大街 46 号		**邮政编码**:100081	
总 编 室:010-68407112		**发 行 部**:010-68409198	
网　　址:http://www.cmp.cma.gov.cn		**E-mail**: qxcbs@cma.gov.cn	
责任编辑:马　可　陈　红		**终　　审**:汪勤模	
封面设计:博雅思企划		**责任技编**:吴庭芳	
印　　刷:北京中新伟业印刷有限公司			
开　　本:787 mm×1092 mm　1/16		**印　　张**:10	
字　　数:256 千字		**彩　　插**:1	
版　　次:2014 年 11 月第 1 版		**印　　次**:2014 年 11 月第 1 次印刷	
定　　价:40.00 元			

本书如存在文字不清、漏印以及缺页、倒页、脱页等,请与本社发行部联系调换。

《三峡工程水库调度关键期流域
气候特征及预测方法》编委会

主　　编：肖　舸　崔讲学

副主编：赵云发　刘　敏　王玉华　周月华

顾　　问：王仁乔　李学贵　郑启松　李才媛　李武阶

撰稿人（按姓氏笔画排列）：

于大峰　向永龙　刘　敏　朱赟赟　杜九三　杜良敏

李子进　李　进　李　波　肖莺　吴瑶　张礼平

张灵　张俊　陈良华　陈晨　罗剑琴　周月华

夏羽　徐卫立　高正旭　郭广芬　雷东洋　熊开国

前　言

　　长江流域目前已建成的三峡大型水电站，是当今世界上最大的水利枢纽工程之一，地处四川盆地与长江中下游平原的结合部。三峡水库是三峡水电站建立后蓄水形成的人工湖泊，总长 3035 米，坝顶高程 185 米，设计正常蓄水水位为 175 米，防洪限制水位为 145 米，总面积为 1084 平方千米，总库容 393 亿立方米，其中防洪库容 221.5 亿立方米。它与其下游不远的葛洲坝水电站形成梯级调度电站，控制流域面积 100 万平方千米，占长江总流域面积的55.6%。在气候特征上，三峡水库库区位于地球环境变化速率较大的东亚季风区，其环境具有空间上的复杂性、时间上的易变性，对外界变化的响应和承受力具有敏感和脆弱的特点。库区具有冬暖春早，冬季雨水少，初夏和仲夏雨水集中而盛夏又常有伏旱，秋雨连绵，湿度大，云雾多，沿江河谷少雨、外围山地逐渐增多的气候特点。年平均气温和年平均降雨量高于同纬度的中国东部地区。作为我国水资源丰沛的地区之一，三峡水库丰富的水能资源在我国经济社会发展中的地位亦举足轻重，是我国重要的电力供应基地和内河航运干线地区。

　　近 20 年是继 20 世纪 50 年代之后长江流域洪水、干旱灾害高发期，其上游嘉陵江流域、岷沱江流域、乌江流域以及中下游的汉江流域、洞庭湖水系、鄱阳湖水系频繁出现干旱、洪涝等气象灾害，年平均直接经济损失高达 1250 多亿元。1998 年长江发生了全流域的大洪水，1999 年又发生了"姊妹水"。特别是三峡水库蓄水后的近几年，库区及其周边地区极端天气气候事件频繁发生，如 2004 年 9 月上旬川渝地区发生的暴雨和洪涝灾害、2006 年的川渝大旱、2007 年夏初重庆遭遇的特大暴雨、2009—2010 年西南地区干旱以及 2011 年长江中下游冬春严重干旱等。2007 年 2 月长江重庆段创 1892 年有水文记载以来的最低水位，限时禁航。2010 年 7 月 20 日三峡大坝通过了流量为 7 万立方米/秒的洪峰，刷新了 1998 年以来通过宜昌的最大峰值纪录。2012 年入汛后一个月内长江三峡迎接 4 次洪峰，7 月 24 日 20 时三峡入库流量达 7.12 万立方米/秒，为 1981 年以来 31 年最大入库流量。2011 年长江中下游发生冬春连旱，为湖北提供丰富过境客水的长江、汉江出现了少见的持续偏枯，洪湖、斧头湖、长湖等主要湖泊水体面积比同期少四成，塘堰干涸，1300 多座水库低于"死水位"运行；三峡水库在上游来水少的情况下，下泄流量也被迫同步减少。

　　这些洪水、干旱等极端天气气候事件使三峡水库安全运行、科学调度和发挥三峡工程防洪、抗旱、发电、蓄水、航运的综合效应都经历了严峻的考验。随着 2009 年三峡工程的竣工验收、长江上游"一库八级"水电梯级开发工作的实施以及向家坝、溪洛渡等水电站的陆续蓄水发电，三峡工程转入全面运行管理阶段，对三峡工程水文气象保障服务也提出了新的要求。水文气象服务的重点正逐渐从工程建设施工保障服务向发挥洪水资源化的巨大效益上转移，迫切需要预见期更长的上游六大流域为主兼顾全流域的延伸期、月、关键季节（蓄水期 9—11 月、供水期 12 月—次年 4 月、消落期 5 月—6 月 10 日、汛期 6—8 月）和年度旱涝和降水气候趋势预测，以便利用这些气候服务信息进行水库的决策与调度，最大限度地发挥水库在发电、蓄水、防洪、抗旱、航运的效应。

目前延伸期、月、季节旱涝和降水气候趋势预测是世界难题，而针对长江流域各关键期气候预测的理论基础研究更为薄弱。为此，依据中国气象局与中国三峡集团公司战略框架协议内容，中国长江电力股份公司根据长江三峡工程电力生产、防洪等多方面工作需要，与长江流域气象中心在 2013 年共同开展了"关键期天气气候特征分析和预报方法研究"和"长江流域中长期气象预报方法研究"两个科研项目的研究。通过研究分析了三峡水库关键的蓄水期、汛期、供水期、消落期的降水特征，揭示了长江流域汛期旱涝特征，上游区域性暴雨过程特征，蓄水期连阴雨、上游首场强降水和最后一场强降水以及金沙江干湿季节转换特征，开展了长江流域汛期和蓄水期降水异常年份成因的初步诊断，给出典型旱涝年的气候系统配置模型，开展了长江流域物理统计、动力与统计相结合以及模式产品降尺度释用的关键期季节旱涝和降水气候趋势预测方法的研究，建立适用于长江流域延伸期、月、各关键期的客观化预测方法，为长江三峡水利枢纽综合调度和上游水资源开发利用提供了气象服务技术支撑。

本书是上述两个项目研究成果的总结提炼，由中国长江电力股份有限公司三峡梯调通信中心和长江流域气象中心 30 多位专家撰写而成的，是第一本关于流域尺度的气候特征分析和气候预测方法研究的成果，对科学调度流域水库水资源和上游流域的梯级开发有科学的指导意义。

全书分为 6 章，包含了长江流域地理气候概况，汛期、蓄水期、供水期、消落期气候特征，长江上游干湿季节转换特征，长江流域气候趋势预测方法及应用。各章节的作者如下：

前　言：陈良华，刘敏；

第 1 章：李波，罗剑琴，于大峰，陈晨，雷东洋，刘敏；

第 2 章：徐卫立，郭广芬，李子进，陈晨，张礼平，夏羽；

第 3 章：张俊，张灵，周月华，陈晨，朱赟赟；

第 4 章：李子进，陈良华，李进，雷东洋，杜九三，向永龙；

第 5 章：肖莺，李波，朱赟赟，吴瑶；

第 6 章：张礼平，杜良敏，肖莺，熊开国，高正旭。

由于此项工作是一项全新的应用基础性研究，研究工作还有待进一步深入，不足之处在所难免，恳请广大读者批评指正，以便在后续的工作中加以改进。

编　者
2014 年 3 月

目　　录

长江流域地理气候概况

长江是中国第一大河,世界第三大河。长江流域幅员辽阔,江湖众多,土地肥沃,气候温和,资源丰富,历史文化悠久,既是中华民族的重要发祥地,也是我国总体经济实力最为雄厚的地区。长江干流全长 6363 km,流经青海、西藏、四川、云南、重庆、湖北、湖南、江西、安徽、江苏、上海等 11 个省、自治区、直辖市,在崇明岛以东注入东海,长度居世界第三位。流域大部分处于亚热带季风气候区,温暖湿润,多年平均降水量 1100 mm。长江有数以千计的支流,它们大致呈南、北辐射状,延伸到甘肃、陕西、贵州、河南、广西、广东、福建、浙江等 8 个省、自治区,由干支流构成庞大水系。

长江是中国水量最丰富的河流,水资源总量 9616×10^8 m³,约占全国河流径流总量的36%,为黄河的 20 倍。在世界仅次于赤道雨林地带的亚马孙河和刚果河(扎伊尔河),居第三位。与长江流域所处纬度带相似的南美洲拉普拉塔河-巴拉那河和北美洲的密西西比河,流域面积虽然都超过长江,水量却远比长江少,前者约为长江的 70%,后者约为长江的 60%。

1.1 自然地理环境概况

长江发源于世界屋脊——青藏高原唐古拉山脉海拔 6221 m 的各拉丹冬雪峰西南侧,位于东经 $91°08'$,北纬 $33°28'$,它的正源是沱沱河。源头冰川起点海拔 6543 m,冰川末端海拔5400 余米,是世界大河中源头海拔最高的河流,冰川的潺潺融水即是长江的最初"乳汁"。长江流域地形起伏较大,高原和山地面积广阔,达 128.6×10^4 km²,丘陵面积约24×10^4 km²,两者之和将近占流域总面积的 84.7%。整个长江流域地势西高东低,呈三大阶梯状:第一级阶梯包括青海南部高原、川西高原和横断山脉高山峡谷区,一般海拔高程$3500 \sim 5000$ m;第二级阶梯为秦巴山地、四川盆地、云贵高原和鄂黔山地,一般高程 $500 \sim$2000 m;第三级阶梯由淮阳山地、江南丘陵和长江中下游平原组成,一般高程均在海拔500 m 以下。一、二级阶梯间的过渡带,由陇南、川渝滇山地构成,一般高程为 $2000 \sim$3500 m,部分山峰在 4000 m 以上,地形起伏大,自西向东由高山急剧降至低山丘陵,岭谷高差达 $1000 \sim 2000$ m,是流域内强烈地震、滑坡、崩塌及泥石流分布最多的地区。二、三级阶梯间的过渡带,由南阳盆地、江汉、洞庭平原西缘的狭长岗丘和湘西丘陵组成,一般高程 $200 \sim$500 m,地形起伏平缓,呈山地向平原渐变过渡型景观。长江流域地理位置如彩图 1.1 所示。

长江干流宜昌以上为上游,长 4504 km,流域面积 100×10^4 km²,其中直门达至宜宾称金沙江,长 3464 km。宜宾至宜昌河段习称川江,长 1040 km。宜昌至湖口为中游,长955 km,流域面积 68×10^4 km²。湖口以下为下游,长 938 km,流域面积 12×10^4 km²。

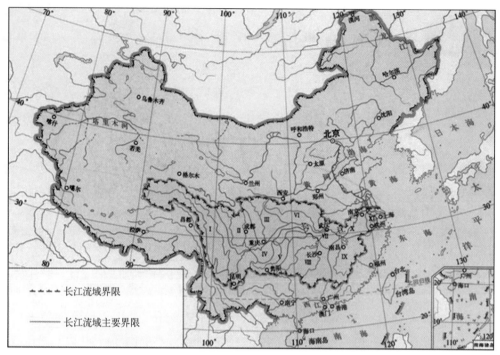

图 1.1(彩) 长江流域的地理位置

1.1.1 长江上游段——从江源到宜昌

长江自江源各拉丹冬峰(海拔 6621 m)西南侧的姜根迪如南支冰川开始,冰川融水与尕恰迪如岗雪山东南融水相会合,称纳钦曲。往北穿过古冰川槽谷,出唐古拉山区与切苏美曲汇合后,称沱沱河。河谷开阔,汊流发育呈辫状,北流至祖尔肯乌拉山区,折转东流,宽浅多汊,变化不定,为典型的宽谷游荡型河流。至当曲从右岸汇入后,始称通天河。通天河向东南河床逐渐束窄,两岸山岭相对高差可达 500 m 左右,河谷呈宽"V"字形。登额曲(登艾龙曲)口以下入峡谷区,河槽归一,水深增加。至青海直门达,沱沱河和通天河全长 1180 km (其中沱沱河长 358 km),落差 1863 m,平均比降 1.59‰。江源西部地区,人迹罕至,有"无人区"之称。东部人口稍多,居民主要为藏族,从事畜牧业,玉树附近始有农业和林业。

直门达以下称金沙江,南流至云南丽江石鼓,为金沙江上段,长 958 km,平均比降 1.76‰,区间流域面积为 7.6×10^4 km²。本段为典型的深谷河段,相对高差可达 2500 m 以上,除局部河段为宽谷外,大部分为峡谷。两岸人烟稀少,经济落后,矿产资源有铜、铁、云母、石棉、金等。石鼓至四川宜宾为金沙江下段,横跨川滇两省间,全长 1326 km,落差 1570 m,平均比降为 1.2‰,区间流域面积 26.8×10⁴ km²。南流的金沙江过石鼓后急转弯流向东北,形成"长江第一弯",然后穿过虎跳峡大峡谷,南北两岸为海拔 5000 余米的玉龙雪山和哈巴雪山。峰谷高差达 3000 余米。峡谷全长 17 km,落差 210 m,平均比降 1.24%,是金沙江落差最集中的河段。水落河口以下,复向南流至金沙江再折转向东,两岸山岭稍低,河谷有所展宽,但峰谷之间高差仍达 1000 m 左右。石鼓至宜宾河段是中国第一大水电基地,水量丰沛,多年平均水量 1455×10^8 m³,约占宜昌站的 1/3,加上落差大,水能资源丰富,约占长江干流蕴藏量的 46%。

宜宾至宜昌河段通称川江,流经四川、重庆与湖北两省一市,全长 1040 km,平均比降约 0.2‰,区间流域面积约 $50×10^4$ km^2。有岷江、沱江、嘉陵江、乌江四大支流汇入。奉节至宜昌 200 余千米河段,为峰峦叠嶂雄伟壮丽的长江三峡,三峡水利枢纽兴建在西陵峡中。已建成的葛洲坝水利枢纽位于宜昌市区。川江水能理论蕴藏量 $2467×10^4$ kW,其中三峡河段占 65% 左右。煤、天然气、石油、磷、铁、钒、钛、铅、锌、铜、锰、云母和石棉等矿产资源丰富。

长江上游六大子流域分别指金沙江流域、岷沱江流域、嘉陵江流域、乌江流域、宜宾—重庆流域、重庆—宜昌流域。

1.1.2 长江中游段——从宜昌至湖口

长江中游段从湖北宜昌至江西湖口,长 955 km。长江自宜昌以下进入中下游平原,河床坡降小,水流平缓,沿江两岸均筑有堤防,并有众多大小湖泊与河网。湖北枝城至湖南城陵矶河段称荆江。其中枝城至藕池口为上荆江,长约 175 km,属一般性弯曲型河道,洲滩汊河发育;藕池口至城陵矶为下荆江,长约 162 km,属典型的蜿蜒型河道,素有"九曲回肠"之称。荆江以北为地势低平的江汉平原,汛期全靠平均高 10 余米的荆江大堤抵御长江洪水;荆江南岸有松滋、太平、藕池、调弦(已堵塞)4 口分长江水入洞庭湖,水道繁杂,长期以来,又受长江从上游挟带来的泥沙沉积影响,河湖淤浅,荆江两岸地势"南高北低",蜿蜒的荆江河床泄洪不畅,防洪形势非常严峻,故有"万里长江,险在荆江"之说。城陵矶以下至湖口,河道分汊频繁,主流摆动,航槽变迁,给航行带来不便。

长江中游段大支流较多,南岸有清江、洞庭湖水系的湘江、资水、沅江、澧水和鄱阳湖水系的赣江、抚河、信江、饶河、修水;北岸有汉江。长江中游气候温和,土壤肥沃,光热资源充沛,盛产水稻、棉花、油料、茶叶、水果等,是中国重要的农业生产基地。鄱阳湖、洞庭湖等大小湖泊水产丰富。矿产资源以铁、铜、钨、磷、硫、石膏等著名。水资源和水力资源也较丰富,在支流上已建成沅江五强溪、清江隔河岩、汉江丹江口、湘江东江、赣江万安等大型水利枢纽。长江中游航运条件优越,内河航运发达;汉江、湘江、赣江拥有较重要的支流航道。

1.1.3 长江下游段——从湖口至长江口

湖口以下至长江口为下游段。下游段江阔水深,多洲滩,河道分汊呈藕节状。江阴以下河段,河宽从 1.4 km 至徐六泾宽 5.7 km,再向东南至崇明岛以东的长江口宽达 90 km,呈喇叭形。安徽大通以下 600 km 受潮汐影响,是坍岸最严重的河段。长江每年挟带 $4.8×10^8$ t 泥沙至河口,因流速平缓和受海潮顶托影响而沉积,形成沙洲、沙坝,使河道分汊,两岸形成沙嘴,河口三角洲陆地向大海伸展。长江口河道在径流、海潮、泥沙和地转偏向力诸多因素影响下,局部河床的冲淤变化,导致河道经常演变,长江主汛道南北往复摆动,给海运事业带来不利影响。长江口河道被崇明岛分隔为南支和北支,南支又被长兴岛、横沙岛分隔为南港和北港,南港再被九段沙分隔成南槽和北槽。目前,长江口主汛已由原来的南支—南港—南槽演变为南支—南港—北槽。

长江下游段的主要支流有:南岸的青弋江、水阳江、秦淮河、黄浦江;北岸的巢湖水系、滁河和淮河入江水道(通过苏北运河)。长江下游地区农业集约化程度高,工业基础雄厚,科技文化先进,智力资源丰富,城镇化程度高,水陆交通发达。上海是中国最大的工业城市和外贸港口,将建成中国最大的国际经济、金融、贸易中心。长江下游两岸平原湖泊洼地广阔,高程一般低于洪水位 4~10 m,全赖堤防保护。每当汛期暴雨积水,长江又承接上、中游洪水和下游支流洪水,水位居高不下,易造成外洪内涝。沿海一带若遇台风、暴雨、潮汐同时袭击,灾害更为严重。因此,防洪排涝工程建设是下游地区人民生产生活的重要保障。

1.2 长江流域气候概况

长江流域西源于青藏高原,东临太平洋,其地理位置及大气环流的季节变化,使其大部分地域气候为典型的亚热带季风气候。冬寒夏热,干湿季分明为其气候的基本特征。但由于地形、地貌条件差异明显,区域气候特点突出。

1.2.1 长江流域气温时空分布特征

长江流域年平均气温(1981—2010 年)15.8 ℃,其中金沙江流域 13.4 ℃,岷沱江流域 14.7 ℃,嘉陵江流域 16.1 ℃,乌江流域 14.7 ℃,宜宾—重庆流域 17.1 ℃,重庆—宜昌流域 17.2 ℃,长江中下游流域 16.3 ℃(见表 1.1)。

表 1.1 长江流域年平均气温(℃)

流域名称	金沙江	岷沱江	嘉陵江	乌江	宜宾—重庆	重庆—宜昌	长江中下游	全流域
平均气温	13.4	14.7	16.1	14.7	17.1	17.2	16.3	15.8

长江流域年平均气温总体上呈东高西低、南高北低的空间分布趋势,流域北部纬向分布特征明显,流域西南部横断山区经向分布特征突出。长江上游流域平均气温变幅较大,中下游流域平均气温变幅较小。江源地区、金沙江上中游、岷沱江西北部是全流域气温最低的地区,秦岭、川西高原到横断山区一线东南的广大地区年平均气温大于 13 ℃,具有明显的亚热带季风气候特征。全流域有 4 个平均气温大于 18 ℃ 的高温中心,分别是中下游赣中南、湘南、金沙江下游和长江上游干流河谷。长江流域年平均气温最高值出现在云南元谋(21.02 ℃),最低值出现在川西北石渠(-0.88 ℃)(见图 1.2)。月平均气温年变化呈"单峰型"曲线,1月平均气温最低,7月平均气温最高。

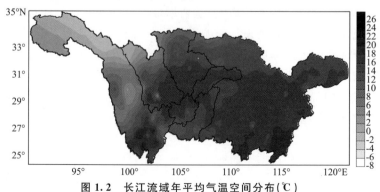

图 1.2 长江流域年平均气温空间分布(℃)

长江流域极端高温空间分布(1981—2010年)总体上呈南高北低分布趋势(见图1.3),极端高温中心多分布在沿长江两侧一带,纬向分布特征明显,流域西北部山区和秦岭一带极端高温明显较低。极端高温最大值出现在綦江站,达44.5℃;最小值出现在峨眉山站,为23.9℃。

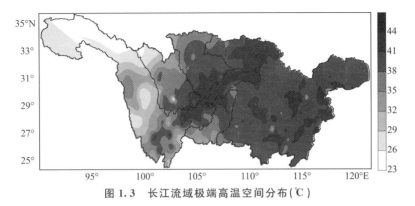

图1.3　长江流域极端高温空间分布(℃)

长江流域极端低温空间分布(1981—2010年)总体上呈南低北高分布趋势(见图1.4),纬向分布特征明显,经向变幅较小。秦岭一带出现极端低温低值中心,多个次中心不均匀分布于各分流域。极端低温最小值出现在石渠站,为−32.4℃,最高值出现在米易站,为3.1℃。

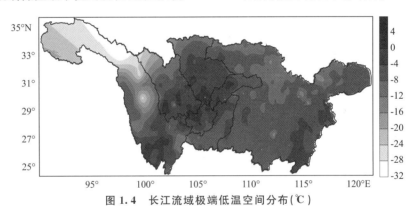

图1.4　长江流域极端低温空间分布(℃)

1.2.2　降水时空分布特征

长江流域年平均降水量(1981—2010年)1191.6 mm,其中金沙江流域865.6 mm,岷沱江流域965.6 mm,嘉陵江流域995.0 mm,乌江流域1107.9 mm,宜宾—重庆流域1046.2 mm,重庆—宜昌流域1133.8 mm,长江中下游流域1327.9 mm(见表1.2)。

表1.2　1961—2012年长江流域降水量特征值(mm)

流域名称	平均降水量	最大年降水量		最小年降水量	
		年　份	降水量	年　份	降水量
长江流域	1184.7	1998	1366.1	1978	964.1
长江上游	997.9	1998	1133.9	2011	831.4

（续表）

流域名称	平均降水量	最大年降水量		最小年降水量	
		年份	降水量	年份	降水量
金沙江	858.7	1998	1031.5	2011	614.6
岷沱江	982.1	1961	1225.7	2006	788.2
嘉陵江	1003.3	1983	1250.0	1997	697.6
乌江	1127.6	1977	1381.5	2011	823.3
宜宾—重庆	1068.3	1968	1375.3	2011	716.6
重庆—宜昌	1136.5	1982	1441.3	2001	850.7
长江中下游	1309.9	2002	1568.5	1978	969.0

长江流域年平均降水量空间分布很不均匀(见图1.5),等雨量线呈东北—西南走向,降水量从东南沿海向西北内陆递减,而且越向内陆,减少越为迅速。金沙江、岷沱江和嘉陵江上游降水量为 400～800 mm,属于半湿润地区;流域其他地区降水量大多在 800 mm 以上,属于湿润地区,其中长江中下游大部地区降水量大于 1200 mm,江西省及其附近地区降水量达 1600 mm 以上。流域内最大年平均降水量出现在安徽黄山(2269 mm),其次是湖南南岳(2058 mm)和江西庐山(2024 mm);最小年平均降水量出现在甘肃东南的文县(440 mm),其次是甘肃东南的武都(461 mm)和四川北部的茂县(462 mm)。

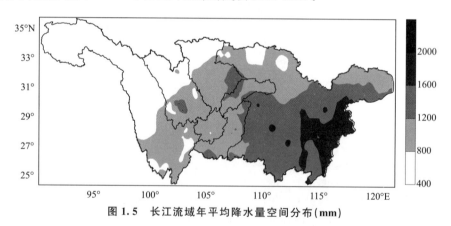

图 1.5 长江流域年平均降水量空间分布(mm)

长江流域月降水量时间分布表现为单峰型变化曲线,冬季干旱夏季多雨,具有典型的亚热带季风气候特征。降水量 3 月开始增多,峰值出现在 6 月,其次是 7 月,8—10 月逐月减少,11 月以后进入冬季,降水稀少。4—9 月是长江流域降水的主要时段,降水量达 877 mm,占年均降水量的 74%。

长江上游流域降水量 4 月开始增多,7 月出现峰值,降水峰值出现时间较全流域偏晚。长江上游流域 7—9 月降水量比全流域多,10 月基本持平,其他时段则明显低于全流域平均值(见图 1.6)。

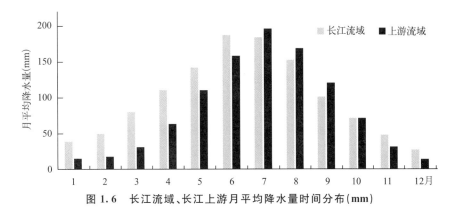

图 1.6　长江流域、长江上游月平均降水量时间分布(mm)

长江流域月降水量时间分布均表现为单峰型变化曲线(见图 1.7),上半年降水自东向西、从南到北逐渐增强,下半年从西北到东南逐渐减弱。3—5 月长江中下游、重庆—宜昌、乌江、宜宾—重庆、嘉陵江、岷沱江、金沙江流域先后进入多雨季节;长江中下游和乌江流域 6 月出现降水峰值,重庆—宜昌、宜宾—重庆、嘉陵江、金沙江流域峰值出现在 7 月,岷沱江降水峰值出现在 8 月,是六大子流域中出现峰值时间最晚的(见表 1.3)。

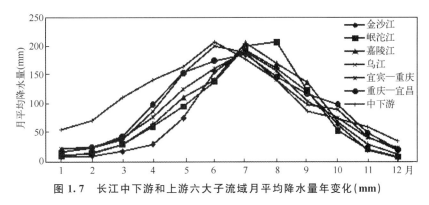

图 1.7　长江中下游和上游六大子流域月平均降水量年变化(mm)

表 1.3　长江中下游和上游六大子流域降水集中期降水分布特征参数(mm)

流域名称	开始时间		高峰时段		降水集中期		
	月份	降水量	月份	降水量	月份	集中降水量	占全年比
金沙江	6	156	7	192	6—9	632	73%
岷沱江	6	139	8	207	6—9	669	69%
嘉陵江	5	111	7	205	5—9	764	77%
乌江	5	152	6	200	5—8	682	62%
宜宾—重庆	5	126	7	189	5—9	738	71%
重庆—宜昌	5	154	7	186	5—9	779	69%
中下游	3	111	6	208	3—8	943	71%

注:月降水量达到 100 mm 以上,纳入降水集中期统计月。

1.2.3 暴雨日数时空分布特征

长江流域年平均暴雨日数(1981—2010 年)2.9 d,其中金沙江流域 1.2 d,岷沱江流域 2.1 d,嘉陵江流域 2.7 d,乌江流域 2.4 d,宜宾—重庆流域 2.2 d,重庆—宜昌流域 2.8 d,长江中下游流域 3.4 d(见表 1.4)。

表 1.4 长江流域年平均暴雨日数(d)

流域名称	金沙江	岷沱江	嘉陵江	乌江	宜宾—重庆	重庆—宜昌	长江中下游	全流域
平均暴雨日数	1.2	2.1	2.7	2.4	2.2	2.8	3.4	2.9

平均暴雨日数空间分布呈从东南沿海向西北内陆逐渐递减的趋势(见图 1.8),以安徽黄山、江西德兴为中心的暴雨区年平均暴雨日超过 5 d,向西北内陆逐渐递减,到金沙江中上游、岷沱江及嘉陵江上游年均暴雨日数不到 1 d。其中长江上游有 2 个平均暴雨日数在 4 d 以上的暴雨中心,分别是以万源、开县为中心的大巴山地区;以雅安、夹江为中心的川西地区。流域内最大平均暴雨日数出现在安徽黄山(7.3 d)。

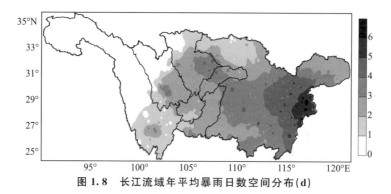

图 1.8 长江流域年平均暴雨日数空间分布(d)

长江流域全年每月都有暴雨出现,但暴雨日数变幅较大。暴雨日数 3 月开始增多,峰值出现在 6 月(0.7 d),其次是 7 月(0.7 d),以后逐月缓慢减少,11 月以后暴雨稀少。4—9 月是长江流域暴雨的多发时段,平均暴雨日数为 2.6 d,占年平均暴雨日数的 92%。

长江上游流域 4 月开始出现暴雨,7 月出现峰值,暴雨日数峰值出现时间较全流域偏晚。长江上游流域 4—7 月、10—11 月暴雨日数比全流域少,8—9 月则比全流域多(见图 1.9)。

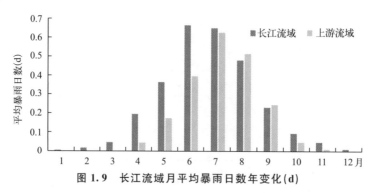

图 1.9 长江流域月平均暴雨日数年变化(d)

长江流域 1981—2010 年各气象台站平均大暴雨日数 14.0 d,其中金沙江流域 2.5 d,岷沱江流域 13.8 d,嘉陵江流域 16.8 d,乌江流域 9.4 d,宜宾—重庆流域 9.5 d,重庆—宜昌流域 11.1 d,长江中下游流域 16.6 d(见表 1.5)。

表 1.5 长江流域 1981—2010 年大暴雨统计特征值

流域名称	金沙江	岷沱江	嘉陵江	乌江	宜宾—重庆	重庆—宜昌	长江中下游	全流域
日数	164	856	791	368	227	243	6374	9023
日数/总站数	2.5	13.8	16.8	9.4	9.5	11.1	16.6	14.0

长江流域大暴雨日数空间分布不均(见图 1.10),嘉陵江、长江中下游为大暴雨多发区,各气象台站平均大暴雨日数超过 16 d(每 2 年出现一次),金沙江流域大暴雨出现频率最低,各气象台站平均大暴雨日数不到 3 d。大暴雨日数超过 30 d 的地区主要分布在中下游的鄂、皖、赣地区,上游的大巴山地区和川西地区。流域内最多大暴雨日数出现在川西雅安(62 d)。

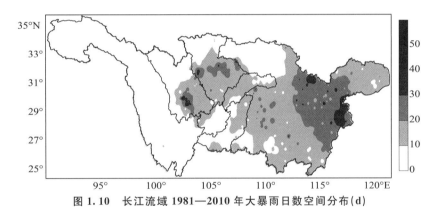

图 1.10 长江流域 1981—2010 年大暴雨日数空间分布(d)

长江流域大暴雨出现时段为 1—11 月,3 月以后大暴雨日数逐月增大,7 月达到峰值(2917 d),8—11 月逐月减少。长江上游流域大暴雨出现时段为 4—11 月,5 月以后大暴雨日数逐月增大,7 月达到峰值(1070 d),8—11 月逐月减少(见图 1.11)。

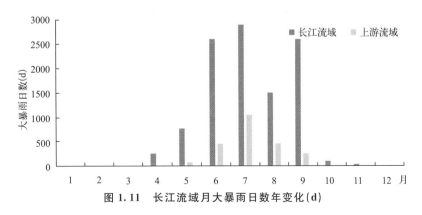

图 1.11 长江流域月大暴雨日数年变化(d)

长江流域1981—2010年累计特大暴雨日数153 d,其中金沙江流域1 d,岷沱江流域27 d,嘉陵江流域12 d,乌江流域2 d,宜宾—重庆流域3 d,重庆—宜昌流域4 d,长江中下游流域104 d。全流域各气象台站平均特大暴雨日数0.24 d,其中金沙江流域0.02 d,岷沱江流域0.44 d,嘉陵江流域0.26 d,乌江流域0.05 d,宜宾—重庆流域0.13 d,重庆—宜昌流域0.19 d,长江中下游流域0.27 d(见表1.6)。

表1.6 长江流域1981—2010年特大暴雨统计特征值

流域名称	金沙江	岷沱江	嘉陵江	乌江	宜宾—重庆	重庆—宜昌	长江中下游	全流域
日数	1	27	12	2	3	4	104	153
日数/总站数	0.02	0.44	0.26	0.05	0.13	0.19	0.27	0.24

特大暴雨发生频率最高的是岷沱江流域,其次是长江中下游流域、嘉陵江流域、重庆—宜昌流域、宜宾—重庆流域、乌江流域,金沙江流域频率最低。长江中下游特大暴雨日数达到2 d以上的地区零散分布,长江上游以峨眉山市为中心的岷沱江下游地区、嘉陵江的北川、重庆—宜昌的邻水特大暴雨日数均达到2 d以上(见图1.12)。流域内最多大暴雨日数出现在四川峨眉山市(4 d)。

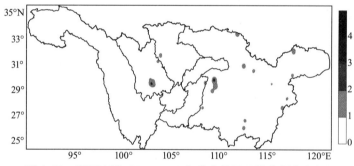

图1.12 长江流域1981—2010年特大暴雨日数空间分布(d)

长江流域特大暴雨出现时段为4—9月,6月特大暴雨日数迅速增大,7月达到峰值(66 d),8—9月迅速减少。1981—2010年共出现特大暴雨153站次。

长江上游流域特大暴雨出现时段为6—9月,峰值出现在7月(23 d),6月和8—9月特大暴雨日数变化不大(8~9 d)(见图1.13)。

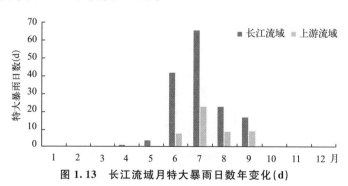

图1.13 长江流域月特大暴雨日数年变化(d)

1.2.4 极端降水特征

长江流域日极端降水平均值为 210.0 mm,最大日降水 538.7 mm,出现在中游的阳新站,最小值为 39.4 mm,出现在德格站(见图 1.14)。日极端降水量达到 50 mm 的站点比例达 98.6%,100 mm 以上站点比例达 93.9 %,250 mm 以上站点比例达 27.4%。日极端降水量自南向北呈递减趋势,200 mm 以上站点多分布在长江以南。长江上游流域 3 日极端降水空间分布区趋势与日极端降水基本一致(见图 1.15)。

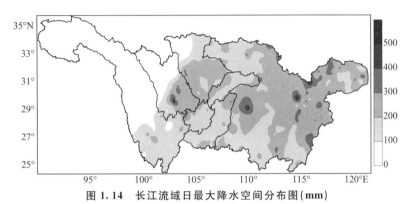

图 1.14 长江流域日最大降水空间分布图(mm)

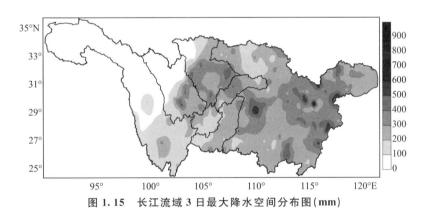

图 1.15 长江流域 3 日最大降水空间分布图(mm)

1.2.5 主要气象灾害

在全国范围内发生的主要气象灾害:暴雨、洪涝、干旱、大雪、冰雹、连阴雨、浓雾、高温、冷害、冻害、冰冻、大风、龙卷风、热带气旋(台风)、干热风、冻雨、雷电、风暴潮等,在长江流域均有发生。根据形成的气象要素不同,可以分为如下几类:一是降水异常型,包括暴雨、连阴雨、洪涝、干旱、大雪、冰雹和浓雾;二是温度异常型,包括高温、冷害、冻害和冰冻;三是风力异常型,包括大风和龙卷风;四是雷电异常型,仅雷电一类;五是多要素异常型,包括干热风、热带气旋(台风)、冻雨和风暴潮。其中与降水相关的气象灾害,尤其是洪涝、干旱和连阴雨,对三峡工程水库调度关键期的运行调度影响较大。

1.2.5.1 洪涝和干旱

长江流域最主要的气象灾害是洪涝和干旱，它们的出现往往相互对立又相互关联。有研究表明，流域性的洪涝和干旱灾害是季风活动异常的产物，具有季节性和阶段性的特点。同时长江流域洪涝和干旱的地区分布有很强的相关性和一致性，洪涝灾害的多发地区同时也是干旱灾害的多发地带。

利用长江流域 644 个国家级气象站 1961—2012 年降水资料，按照以 Z 指数为基础的流域旱涝指标判断标准，分析了 1961—2012 年长江流域洪涝和干旱的出现特点。其中按照流域旱涝指标判断标准确定的长江流域（全流域、上游、中下游）全年及汛期洪涝和干旱各等级的出现情况见表 1.7。

表 1.7 利用 Z 指数确定的长江流域（全流域、上游、中下游）全年及汛期洪涝和干旱各等级的出现情况

	重涝	大涝	偏涝	偏旱	大旱	重旱
全流域 全年			1998、1983、1973、1999、1975、1980、2002、2010、1993、1970、1977、2012、1989、1964、1961、1982、1991、1990、1962、1967、1987、1996、2000	1966、1971、2006、1986、2009、2001、1992、1988、2007、1976、1963、2003、1972、1979、1997、1994、2004、1985、2005	2011、1978	
上游全年			1998、1973、1968、1999、1974、1964、1983、1967、1965、1961、1985、1984、2008、1980	2009、1997、1972、1969、1994、1992、2003、1986、1971、1978、1987、1996	2011、2006	
中下游 全年		2002、1983、1975	2010、1998、1980、1993、1970、1973、1999、1977、2012、1989、1987、1996、1991、1969、1962、1990、1982、1961、2000	1986、2001、1963、1988、2007、1979、1985、1976、1968、1992、2009、2006、1974、2003、2005、2004、1965、2008、1972、1995	2011、1971	1978、1966
全流域 汛期		1998	1999、1980、1996、1993、1995、1962、2010、1969、2002、2007、1983、1979、2008、1991、1987、1974、1973、1982、1984、1977、2000	2006、1966、1967、1963、1992、1985、1971、2011、1990、1976、1981、1997、2003、2004、1994、1961、2001	1972、1978	

（续表）

	重涝	大涝	偏涝	偏旱	大旱	重旱
上游汛期	1998	1984、1974、1968、1999、1962、1973、1995、1980、2007、1991、1979、1965、1983、1987、2000、1993、2005、1961	1997、1994、1975、2004、1992、1976、1970、1978、1990、1977	2011、1972	2006
中下游汛期		1996、1999	1980、1998、1993、1969、2010、2002、1995、1982、2008、1962、1977、2007、1983、2011、1979、1975、1987、1991、1970	1985、1967、1963、1981、1971、1992、1961、2003、1990、2006、1968、2005、1965、1976、1988、1984、2001	1972、1966	1978

注:各级旱涝年按旱涝指数排序(旱涝程度严重者在前)。

通过对典型旱涝年份降水时空分布特征进行的初步分析可以得出:长江流域典型洪涝年降水空间分布呈从东南向西北递减的趋势,其中 1998 年金沙江中下游、长江中下游和四川盆地降水偏多明显(见图 1.16),1983 年和 1973 年仅在金沙江中游和岷沱江的部分地区降水偏少较明显。长江流域各典型干旱年降水量偏少的情况一般南部大于北部,东部大于西部。2011 年流域南部降水明显偏少(见图 1.17),1978 年和 1966 年四川盆地、三峡区间、乌江和长江中下游降水偏少,金沙江和川西降水正常或略偏多,2006 年全流域降水一致性偏少,1971 年长江流域下游降水明显偏少。

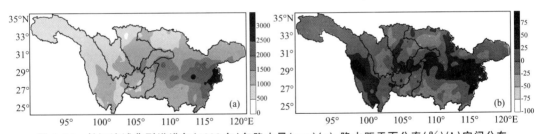

图 1.16　长江流域典型洪涝年(1998 年)年降水量(mm)(a)、降水距平百分率(%)(b)空间分布

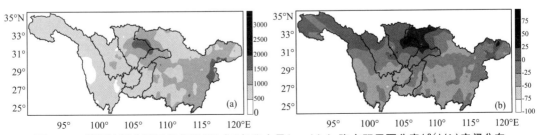

图 1.17　长江流域典型干旱年(2011 年)年降水量(mm)(a)、降水距平百分率(%)(b)空间分布

通过对长江流域汛期旱涝的年代际变化分析可以得出,1961—2012年旱涝交替出现且变化幅度大,干旱发生程度总体重于洪涝。从长江全流域、上游和中下游流域逐年汛期旱涝指数分布来看,长江流域汛期洪涝程度呈略增加的趋势,但上游流域干旱程度呈略增加的趋势,中下游流域洪涝程度呈增加的趋势。

1.2.5.2 连阴雨

每年进入9月以后,我国西部地区易出现华西秋雨,频繁南下的冷空气与滞留在长江上游流域的暖湿空气相遇,使锋面活动加剧而产生较长时间的阴雨,降雨量一般仅次于夏季,在水文上则表现为显著的秋汛。与此同时,三峡工程正值水库蓄水(9—11月)的关键期,长江上游的连阴雨过程对水库蓄水的影响极大。

按照本研究确定的长江上游流域连阴雨标准,统计1961—2012年长江上游流域蓄水期连阴雨过程共80次。平均每年出现1.5次,其中大多数出现在9月,10月次之,11月则较少出现。从1961—2012年长江上游流域连阴雨过程的累计雨量和雨日空间分布来看,金沙江下游和四川盆地东部各有一个强降水中心,累计雨量最大的站分别是普格、南江、平昌,四川盆地南部阴雨日数最多。从各月分布来看,9月的降水中心与雨日分布情况与总体情况基本一致,但10月降水中心和阴雨日数的中心出现了明显东撤,11月降水中心和阴雨日数中心的东撤则更为明显。这与夏季风的撤退、冬季风的入侵带来的影响有关。

从1961—2012年长江上游流域连阴雨过程的逐年总日数来看,连阴雨总日数呈减少趋势,各年代间的波动变化较大。2008年连阴雨结束日期明显偏晚,而2009—2012年连阴雨结束时间又明显提前。

1.3 流域主要水利工程

1.3.1 流域水系分布

长江庞大水系的形成与气候和地形条件有着密切的关系。高耸的山岭和起伏的丘陵,容易导致对流雨和锋面雨的产生,形成暴雨洪流,促进水系发育。在中国径流地带区划中,长江流域除江源、通天河流域以及川西北地区外,大部分处于丰水带和多水带范围内,年径流深度多在400 mm以上,尤其是四川盆地西部、三峡地区、湘西和湘南地区,水量尤为丰沛。赣西、赣南、赣东北以及皖南山区,年径流深度可达1000 mm以上。长江流域水源丰富,其流域面积虽仅比黄河大1.4倍,而水量却相当于其20倍。

长江水系发达,径流充足,干流横贯万里,沿途有成千上万条大小支流汇入(见图1.18)。在长江众多支流中,流域面积超过1000 km²的就有437条,超过3000 km²的有170条,超过$1×10^4$ km²的有49条,超过$5×10^4$ km²的有雅砻江、岷江、大渡河、嘉陵江、乌江、沅江、湘江、汉江、赣江等9条。雅砻江、岷江、嘉陵江和汉江的流域面积都超过$10×10^4$ km²。嘉陵江流域面积为$16×10^4$ km²,居第一位;汉江流域面积为$15.9×10^4$ km²,居第二位。

长江有18条支流的长度超过500 km,有6条支流的长度超过1000 km,依次为汉江、雅砻江、嘉陵江、大渡河、乌江和沅江。长江有90条支流的多年平均流量在100 m³/s以上。

图 1.18 长江流域水系简图

上述流域面积超过 5×10^4 km² 的 9 条大支流,多年平均流量都大于 1500 m³/s,均超过黄河。

长江水系的河流可分为三种类型。第一类为峡谷型河流,包括长江干流金沙江、三峡河段,支流的雅砻江中下游,岷江上游及其支流大渡河,嘉陵江上游及其支流白龙江、赤水河,乌江等。第二类为丘陵平原型河流,包括四川盆地河段、岷江中下游、沱江、嘉陵江中下游等。第三类是长江中下游直接汇入江湖的中小河流。

长江流域河网密度的地区差别较大。在地区降水量和径流量分布不均的影响下,总趋势是由东向西递减。长江中下游平原的河网密度一般在 0.5 km/km² 以上。山丘区地形对水系发育有利,河网密度可超过 0.7 km/km²。长江上游大部分地区的河网密度在 0.5 km/km² 以下。在地势平坦不利于河流水系发育的长江三角洲和成都平原,河网密度反而超过山丘区。这是人类长期作用的结果,其中多为人工开浚而逐渐演变的河流,有的则是不断整治始能维持流动的运河。长江三角洲河网密度达 6.4~6.7 km/km²,三角洲南部的杭嘉湖平原更高达 12.7 km/km²,成为全国河网最稠密的地区。成都平原的河网密度达 1.2 km/km²,是长江上游河网最密集的地区。

长江流域约有湖泊面积 15200 km²,接近全国湖泊总面积的 1/5。按其地理分布,可分为长江中下游平原湖区、滇北黔西高原湖区和江源湖区。长江中下游湖泊面积为 14073 km²,约占全流域湖泊面积的 93%;100 km² 以上的湖泊有 13 个,依次为:鄱阳湖、洞庭湖、太湖、巢湖、华阳河水系湖泊、梁子湖、洪湖、石臼湖、南港湖、西凉湖、长湖、武昌湖、菜子湖。

1.3.2　流域水资源分布和特点

宜昌以上的长江上游地区水资源蕴藏量约占全流域的 80%,可开发的水能资源则占全流域的 87%,其中宜宾以上的金沙江水系又占全流域的 45%。如按水系划分,水能资源分布情况是:理论蕴藏量干流占 34.2%,支流占 65.8%;开发量干流占 46%,支流占 54%。各支流水能资源可开发量占全流域量的比重分别为:雅砻江 14.8%,岷江(含大渡河)16.3%,

嘉陵江4%,乌江4%。如按行政区划分:西部地区可能开发的水能资源占全流域的72.9%,其中重庆、四川为占该区的64%;中部地区可能开发的水能资源约占全流域的26.7%;东部地区可能开发的水能资源仅占全流域的0.3%。

长江上游流域水能资源开发条件优越,是中国经济发展的重要基础。它具有如下特点:首先是地形优越,落差巨大。长江流域地形起伏,总落差约5400 m。上游河流多为高山峡谷型,河道比降陡,落差大,水量丰沛,蕴藏着极为丰富的水能资源,如金沙江、雅砻江、大渡河、乌江等。这些河流大多有较好的地质、地形条件,水头高,容量大,淹没小,在流域水能开发中占有极其重要的地位。

其次是水量丰富,相对稳定。长江的径流量主要由降雨形成,流域平均年降水量约1067 mm。径流的分布与降水相应。从干支流主要测站看,径流的年际变化比较稳定,年径流变差系数除少数支流外,一般比其他流域小。

最后是分布集中在上游地区。在我国近年刚开发的12个大型水电基地中,长江上游流域就有5个,它们分别是:金沙江(石鼓—宜宾)水电基地;上游干流(宜宾—宜昌)水电基地;雅砻江(两河口—河口)水电基地;大渡河(双河口—铜街子)水电基地;乌江干流(洪家渡—涪陵)水电基地。

1.3.3 流域重点水利水电工程

长江干流规划和在建(已建)的主要水电工程包括:金沙江上游的九级梯级水电规划;金沙江中游八级梯级水电规划;金沙江下游四级梯级水电开发;长江干流的五级梯级水电开发。长江上游流域水电梯级开发示意图见图1.19。金沙江流域水电工程如图1.20所示。从虎跳峡到宜昌,这些水电工程依次为:

【虎跳峡工程】为规划工程。位于云南省丽江市境内,地处金沙江干流石鼓下游45 km的峡谷内。坝址控制流域面积21.8×10⁴ km²,多年平均流量1370 m³/s,多年平均径流量

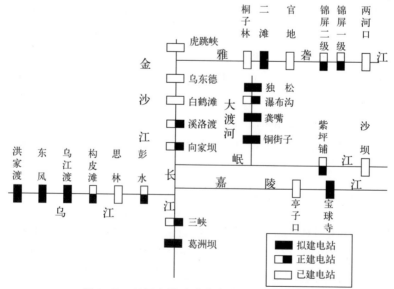

图1.19 长江上游流域水电梯级开发示意图

432×10^8 m³。规划水库正常蓄水位 1950 m，库容 181.6×10^8 m³，其中兴利库容 106.1×10^8 m³，防洪库容 40×10^8 m³。水电站最大发电水头 343.7 m，装机容量 600×10^4 kW，多年平均发电量 302.9×10^8 kW·h。

【洪门口工程】为规划工程。位于云南省丽江市永胜县境内金沙江干流上。坝址控制流域面积 23.93×10^4 km²，多年平均流量 1680 m³/s，多年平均径流量 511×10^8 m³。规划水库正常蓄水位 1600 m，库容 67.2×10^8 m³，其中兴利库容 35.4×10^8 m³，防洪库容 35.4×10^8 m³。电站装机容量 375×10^4 kW，保证出力 118×10^4 kW，年发电量 187.9×10^8 kW·h。

【梓里工程】为规划工程。位于云南省丽江市永胜县境内金沙江干流上。坝址控制流域面积 23.93×10^4 km²，多年平均流量 1680 m³/s，多年平均径流量 530×10^8 m³。规划水库正常蓄水位 1400 m，库容 14.9×10^8 m³，其中兴利库容 4.9×10^8 m³，防洪库容 4.9×10^8 m³。电站装机容量 208×10^4 kW，保证出力 49×10^4 kW，年发电量 105.9×10^8 kW·h。

【皮厂工程】为规划工程。位于云南省宾川县境内金沙江干流上。坝址控制流域面积 24.73×10^4 km²，多年平均流量 1750 m³/s，多年平均径流量 552×10^8 m³。规划水库正常蓄水位 1280 m，库容 88.2×10^8 m³，其中兴利库容 27.9×10^8 m³，防洪库容 27.9×10^8 m³。电站装机容量 270×10^4 kW，保证出力 80×10^4 kW，年发电量 136.5×10^8 kW·h。

【观音岩工程】为规划工程。位于四川省攀枝花市金沙江干流上。坝址控制流域面积 25.79×10^4 km²，多年平均流量 1800 m³/s，多年平均径流量 568×10^8 m³。规划水库正常蓄水位 1150 m，库容 54.2×10^8 m³，其中兴利库容 21.7×10^8 m³，防洪库容 21.7×10^8 m³。电站装机容量 280×10^4 kW，保证出力 78×10^4 kW，年发电量 143.3×10^8 kW·h。

【乌东德工程】是金沙江下游河段规划的第一个梯级电站，位于四川省凉山彝族自治州会东县与云南省昆明市禄劝彝族苗族自治县界河金沙江干流上。坝址控制流域面积 40.61×10^4 km²，多年平均流量 3680 m³/s，多年平均径流量 1170×10^8 m³。电站正常蓄水位 970m，总库容 61.58×10^8 m³，装机容量 740×10^4 kW，年平均发电量 325.2×10^8 kW·h。目前已进入前期工作阶段。

【白鹤滩工程】是金沙江下游河段的第二个梯级电站，位于云南省巧家县和四川省宁南县境内，金沙江干流三滩村至白鹤村的峡谷内。坝址控制流域面积 43×10^4 km²，多年平均流量 4060 m³/s。地形为两岸对称的"V"形河谷。库区出露岩层以沉积岩为主。大坝高程为 820 m，装机容量 1200×10^4 kW，年平均发电量为 546.2×10^8 kW·h。目前已进入前期工作阶段。

【溪洛渡工程】位于云南省永善县和四川省雷波县境内金沙江干流上。坝址控制流域面积 45.4×10^4 km²，多年平均流量 4610 m³/s，是一座以发电为主，兼有拦沙、防洪和改善下游航运等综合效益的巨型水电站。正常蓄水位 600m，水库总库容 126.7×10^8 m³，调节库容 64.6×10^8 m³，防洪库容 46.5×10^8 m³。装机总容量为 1260×10^4 kW，多年平均发电量 571.2×10^8 kW·h。溪洛渡水电站施工总工期为 12 年，于 2005 年 12 月 26 日正式开工建设，计划 2008 年实现大江截流。根据施工总进度安排，筹建期为 3 年 6 个月，工程开工建设后的第 8 年，首批机组投产发电。

【向家坝工程】向家坝水电站是金沙江流域水利资源梯级开发的最后一级水电站。是一座以发电为主，兼顾防洪、拦沙、灌溉、航运等综合效益的巨型水电站。坝址位于四川省宜宾县和云南省水富县交界的金沙江峡谷出口处，向家坝至新滩坝之间长 8 km 的峡谷

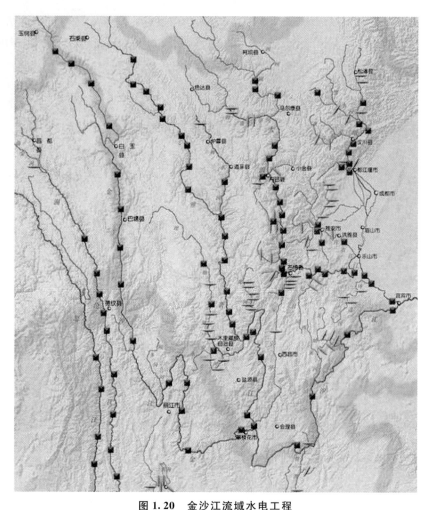

图 1.20 金沙江流域水电工程

（线条表示装机容量 5~15×10⁴ kW,方块表示 15×10⁴ kW 以上）

内,左岸是四川省宜宾县、右岸为云南省水富县,上距溪洛渡水电站约 196 km(公路),下距四川省宜宾市 33 km(公路),与三峡水利枢纽的直线距离为 700 km。两岸山高 400~500 m。电站控制流域面积 45.88×10^4 km²,占金沙江流域的 97%,正常蓄水位380 m,总库容 51.85×10^8 m³,调节库容 9.05×10^8 m³,电站安装 8 台单机容量为 75×10^4 kW 的水轮发电机组,装机总容量为 600×10^4 kW,多年平均发电量为 301.3×10^8 kW·h。施工总工期为 9 年,筹建期为 2 年,2006 年 11 月 26 日正式开工建设。工程开工建设第 7 年首批机组投产发电。

【石棚工程】为规划工程。位于四川省泸州市境内长江干流上,为宜宾—宜昌河段的最上一级水利水电工程。坝址控制流域面积 64.6×10^4 km²,多年平均流量 8100 m³/s。开发任务为发电、航运等。规划水库正常蓄水位 265 m,回水至宜宾与岷江偏窗子水利水电工程相衔接,库容 30.8×10^8 m³,电站装机容量 213×10^4 kW,年发电量 126×10^8 kW·h。

【朱杨溪工程】为规划工程。位于重庆市江津区境内长江干流上,下距重庆市约120 km。

开发任务为发电、航运。坝址控制流域面积 69.5×10^4 km²，多年平均流量 8640 m³/s。规划水库正常蓄水位 230 m，库容 28×10^8 m³。电站设计装机容量 190×10^4 kW，保证出力 68×10^4 kW，年发电量 112×10^8 kW·h。可改善长江航道里程约 120 km。

【小南海工程】为规划工程。位于重庆市巴南区境内长江干流上，在朱杨溪与三峡两水利水电工程之间。坝址控制流域面积 70.4×10^4 km²，多年平均流量 8700 m³/s。开发任务为航运、发电。规划水库正常蓄水位 195 m，库容 22.2×10^8 m³。电站装机容量 100×10^4 kW，保证出力 35×10^4 kW，年发电量 40×10^8 kW·h。

【三峡工程】位于长江干流三峡河段下段西陵峡的湖北省宜昌三斗坪，下距葛洲坝水利水电工程 38 km。控制流域面积 100×10^4 km²，占长江全流域面积的 56%。坝址处多年平均流量 14300 m³/s，年平均径流量 4530×10^8 m³。水库正常蓄水位 175 m，总库容 393×10^8 m³；水库全长 600 余千米，平均宽度 1.1 km；水库面积 1084 km²。三峡水电站总装机容量 1820×10^4 kW，年平均发电量 846.8×10^8 kW·h。该工程控制了长江宜昌以上的全部洪水，集中了川江河段的大部分落差，是综合治理和开发长江的关键工程，具有防洪、发电、航运等巨大的综合效益。

【葛洲坝工程】葛洲坝水利枢纽位于湖北省宜昌市南津关下游，奠基于 20 世纪 70 年代初，竣工于 80 年代末。枢纽主体由大坝及泄水建筑物、水电站厂房、通航建筑物等组成，大坝全长 2606.5 m，坝顶高程 70 m。葛洲坝水力发电厂共装机 21 台，其中大江电厂安装 14 台机组，二江电厂安装 7 台机组，总容量 271.5×10^4 kW，年均发电量 157×10^8 kW·h。

1.4 流域和气象站点划分及资料统计标准

1.4.1 流域分区和各分区内站点概况

根据三峡工程水文调度业务需求，将长江流域划分为长江上游流域和长江中下游流域两大分区，其中长江上游流域按照地表汇水原则细分为金沙江流域、岷沱江流域、嘉陵江流域、乌江流域、宜宾—重庆区间、重庆—宜昌区间共六大子流域。

选取各分区内国家级气象台站建站以来至 2012 年 12 月 31 日逐日气温、降水（20—20时）资料，统计 1961 年 1 月 1 日—2012 年 12 月 31 日各气象台站资料缺测日数，去掉缺测日数大于 50 d 的台站，兼顾空间分布均匀等原则，得到各流域共 644 个气象台站的气温、降水资料作为气候特征分析的基础数据。流域各分区内站点分布概况见表 1.8 和图 1.21。

表 1.8 长江流域气象资料台站分布

流域名称	气象台站名称
金沙江	德格、白玉、巴塘、理塘、德钦、乡城、稻城、香格里拉、维西、丽江、永胜、鹤庆、华坪、永仁、宾川、大姚、元谋、姚安、牟定、南华、楚雄、富民、武定、禄劝、会理、会东、昆明、安宁、太华山、呈贡、嵩明、寻甸、马龙、巧家、会泽、东川、普格、宁南、布拖、金阳、大关、鲁甸、昭通、彝良、永善、盐津、昭觉、雷波、美姑、绥江、石渠、甘孜、炉霍、新龙、道孚、木里、九龙、冕宁、喜德、盐源、德昌、西昌、米易、盐边、宁蒗（65 站）

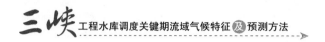

流域名称	气象台站名称
岷沱江	色达、阿坝、金川、马尔康、小金、丹巴、康定、泸定、汉源、石棉、甘洛、越西、峨眉、峨边、宝兴、天全、芦山、名山、雅安、洪雅、夹江、峨眉山、荥经、松潘、汶川、理县、黑水、茂县、都江堰、彭州、郫县、温江、蒲江、邛崃、大邑、崇州、双流、新津、眉山、仁寿、乐山、井研、马边、犍为、沐川、绵竹、什邡、新都、广汉、金堂、简阳、资阳、乐至、资中、荣县、威远、自贡、富顺、隆昌、大足、荣昌、泸县(62站)
嘉陵江	平武、北川、江油、绵阳、德阳、梓潼、三台、盐亭、射洪、蓬溪、遂宁、安县、中江、宕昌、武都、文县、九寨沟、青川、广元、剑阁、旺苍、苍溪、南部、西充、蓬安、高坪、岳池、安岳、武胜、潼南、铜梁、北碚、合川、阆中、南江、巴中、仪陇、营山、通江、平昌、宣汉、达县、开江、渠县、广安、大竹、万源(47站)
乌江	武隆、黔江、彭水、酉阳、道真、正安、务川、沿河、德江、印江、凤冈、思南、绥阳、湄潭、遵义、金沙、息烽、开阳、石阡、瓮安、余庆、镇雄、毕节、大方、赫章、威宁、纳雍、黔西、织金、水城、普定、安顺、清镇、平坝、乌当、贵阳、贵定、龙里、花溪(39站)
宜宾到重庆	璧山、巴南、永川、江津、綦江、合江、纳溪、宜宾、南溪、宜宾县、江安、屏山、长宁、高县、珙县、筠连、兴文、赤水、习水、叙永、古蔺、威信、桐梓、仁怀(24站)
重庆到宜昌	天城、万州、垫江、梁平、忠县、石柱、邻水、渝北、沙坪坝、长寿、涪陵、丰都、南川、开县、云阳、巫溪、奉节、巫山、巴东、秭归、兴山、宜昌(22站)
长江中下游	略阳、宁强、勉县、留坝、洋县、汉中、城固、佛坪、西乡、宁陕、紫阳、石泉、汉阴、镇巴、旬阳、安康、平利、城口、镇坪、竹溪、郧西、郧县、竹山、白河、镇安、柞水、商县、丹凤、商南、山阳、西峡、淅川、南召、方城、内乡、镇平、南阳、邓州、新野、唐河、泌阳、老河口、谷城、襄樊、枣阳、房县、保康、南漳、宜城、钟祥、远安、荆门、当阳、宜都、荆州、松滋、公安、石首、监利、洪湖、潜江、天门、仙桃、汉川、蔡甸、武汉、利川、建始、恩施、长阳、五峰、宣恩、韶山、湘乡、湘潭、双峰、南岳、衡山、攸县、涟源、萍乡、醴陵、株洲、永州、东安、祁阳、祁东、衡阳县、衡阳、常宁、衡南、耒阳、安仁、茶陵、炎陵、永兴、桂东、资兴、汝城、郴州、新田、桂阳、嘉禾、蓝山、道县、宁远、江永、江华、安化、新化、邵阳市、新邵、邵东、邵阳县、隆回、洞口、新宁、武冈、咸丰、来凤、龙山、永顺、花垣、保靖、古丈、吉首、沅陵、泸溪、辰溪、桃源、常德、秀山、松桃、凤凰、麻阳、溆浦、江口、铜仁、万山、芷江、洪江、新晃、玉屏、岑巩、施秉、镇远、三穗、天柱、锦屏、台江、剑河、福泉、凯里、都匀、麻江、丹寨、雷山、会同、绥宁、城步、通道、黎平、鹤峰、桑植、张家界、石门、慈利、澧县、临澧、南县、华容、安乡、岳阳、临湘、汉寿、桃江、沅江、湘阴、赫山、平江、浏阳、宁乡、马坡岭、随州、广水、大悟、安陆、红安、麻城、京山、云梦、应城、孝感、黄陂、新洲、罗田、英山、黄冈、鄂州、浠水、黄石、蕲春、黄梅、阳新、武穴、江夏、赤壁、嘉鱼、崇阳、通城、咸宁、通山、武宁、德安、永修、靖安、奉新、安义、高安、修水、铜鼓、宜丰、万载、上高、分宜、宜春、新余、祁门、波阳、景德镇、婺源、乐平、德兴、弋阳、横峰、贵溪、铅山、玉山、广丰、上饶、余干、万年、余江、东乡、崇仁、金溪、资溪、宜黄、南城、南丰、黎川、乐安、广昌、新干、峡江、永丰、吉水、安福、吉安县、夏坪、永新、井冈山、万安、遂川、泰和、崇义、上犹、南康、赣县、大余、信丰、莲花、兴国、宁都、石城、瑞金、于都、会昌、安远、全南、龙南、九江、瑞昌、庐山、湖口、彭泽、星子、都昌、南昌、南昌县、樟树、丰城、进贤、新建、宿松、望江、东至、枞阳、青阳、安庆、黄山区、池州、铜陵、南陵、泾县、宣城、旌德、宁国、黄山、绩溪、广德、郎溪、舒城、岳西、桐城、肥西、合肥、肥东、巢湖、庐江、无为、含山、和县、芜湖、当涂、马鞍山、繁昌、太湖、潜山、怀宁、全椒、来安、滁州、天长、安吉、湖州、嘉兴、杭州、萧山、平湖、闵行、宝山、嘉定、崇明、徐家汇、南汇、金山、青浦、松江、奉贤、六合、浦口、南京、高邮、仪征、江都、扬州、泰州、扬中、泰兴、东台、海安、如皋、靖江、南通、如东、吕泗、通州、启东、高淳、溧水、丹阳、金坛、常州、句容、溧阳、宜兴、江阴、常熟、无锡、昆山、东山、吴江、海门、太仓(385站)

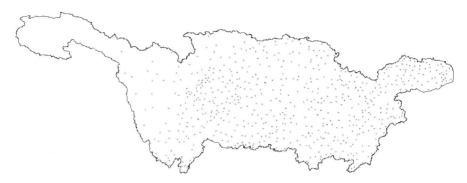

图 1.21　长江流域气象资料台站分布(共 644 站)

1.4.2　资料统计方法说明

上述流域或站点的气象要素均值计算、空间分布特征分析及典型暴雨过程统计分析使用 1981—2010 年 30 年的资料;极值统计采用气象站建站以来至 2012 年的资料,气象要素时间变化趋势分析、汛期典型旱涝年及蓄水期连阴雨统计分析使用 1961—2012 年 52 年的资料。气象要素主要包括降水量、气温。资料缺测时去掉该样本不参加统计分析;微量降水作 0 处理,含雪、雨夹雪、雨雪混合、雾露霜等特征值降水量全部转换为纯降雨量。

采用算术平均方法计算平均气温和平均降水量;采用线性趋势分析气象要素时间变化趋势;采用滑动 T 检验方法分析气象要素突变年代;采用小波分析方法分析气象要素变化周期;采用正交函数分解方法分析流域汛期、蓄水期雨型特征及变化规律;运用降水集中期方法、结合天气气候方法分析流域雨带推移时间变化规律。

1.4.3　统计标准说明

区域暴雨过程判定标准:

同时满足以下条件Ⅰ和条件Ⅱ的降水过程定义为一次典型区域性暴雨过程。

条件Ⅰ:日平均降水量≥10 mm,且日暴雨站数≥12 站。

条件Ⅱ:单日平均降水量>20 mm,且总暴雨站数>40 站;

　　　　或连续 2 d 累计平均降水量>30 mm,且累计暴雨站数>50 站;

　　　　或连续 3 d 累计平均降水量>40 mm,且累计暴雨站数>60 站;

　　　　或连续 4 d 累计平均降水量>50 mm,且累计暴雨站数>70 站;

　　　　或连续 5 d 累计平均降水量>60 mm,且累计暴雨站数>80 站。

流域旱涝指数:

统计长江流域各站历年全年及汛期降水量,利用求得的长江流域各站点全年及汛期 Z 值序列,根据标准对流域各站点旱涝等级进行划分,统计历年不同旱涝等级站数,考虑到区域内单站旱涝对于区域旱涝的贡献应该与相应的旱涝等级在该区域出现的概率成反比,对不同等级旱涝站数加权平均,构建流域旱涝指数 I:

$$I = I_F - I_D \tag{1.1}$$

$$I_F = \sum_{i=1}^{3} \frac{n_i}{P_i} + \frac{n_4^+}{P_4}, \quad I_D = \sum_{i=5}^{7} \frac{n_i}{P_i} + \frac{n_4^-}{P_4} \tag{1.2}$$

式中,I_F为洪涝指数,I_D为干旱指数,n_i为某年长江流域第i级旱涝等级出现站数,P_i为长江流域第i级旱涝等级出现频率,n_4^+为某年区域内正4级站数,n_4^-为某年区域内负4级站数。根据指数标准,确定长江流域(全流域、上游、中下游)全年及汛期干旱和洪涝为重涝、大涝、偏涝、正常、偏旱、大旱、重旱7个等级(见表1.9)。

表 1.9 流域旱涝指标判断标准

等级	I 值	类型
1	$I \geqslant n/P_2$	重涝
2	$n/P_3 \leqslant I < n/P_2$	大涝
3	$n/P_4 < I < n/P_3$	偏涝
4	$-n/P_4 \leqslant I \leqslant n/P_4$	正常
5	$-n/P_5 < I < -n/P_4$	偏旱
6	$-n/P_6 < I \leqslant -n/P_5$	大旱
7	$I < -n/P_6$	重旱

连阴雨判断标准:

考虑达到一定雨强的连阴雨过程才可能对流域径流产生影响,对长江上游流域的连阴雨日定义如下:雨日至少大于5 d,7~10 d的过程允许时段内有1个非雨日,11 d以上的过程允许有2个不相邻的非雨日;并且需满足流域日平均降水量≥5 mm。

雨日的确定:某日长江上游流域有1/3以上站点出现≥0.1 mm的降水,且上游流域日平均降水量≥2.5 mm,则该日为一个雨日。

长江上游五大子流域首场和最后一场强降水判定标准:

通过算术平均方法计算长江上游五大子流域(岷沱江、嘉陵江、乌江、宜宾—重庆、重庆—宜昌流域,金沙江流域无首场和末场强降水标准)平均降水量。考虑到日界线的影响,将连续两天平均累积降水量和单日平均降水量作为研究对象,采用累积频率方法,经多次调试,确定各子流域累积频率达到95%时,所对应的连续两天平均累积降水量临界值定义为强降水的阈值,各子流域连续两天平均累积降水量超过该阈值时确定为强降水过程;确定五大子流域日降水量超过20 mm的降水过程为强降水过程(见表1.10)。当长江上游至少有两个子流域同时到达强降水标准时,确定为长江上游流域强降水过程。

表 1.10 长江上游五大子流域强降水阈值

流域名称	岷沱江	嘉陵江	乌江	宜宾—重庆	重庆—宜昌
降水量(mm)	22.6	24.5	26.5	24.6	28.9

金沙江流域雨季判定标准：

雨日的确定：某日流域有 1/3 以上站点出现≥0.1 mm 的降水，且流域日平均降水量≥2.4 mm(1961—2012 年日平均降水量)，则该日为一个雨日。

雨季开始时间的确定：从第 1 个雨日算起，往后 2 日、3 日……10 日中雨日数占相应时段内总日数的比例≥50%，则第一个雨日为雨季开始日。

雨季结束时间的确定：从雨期的最后 1 个雨日算起，往前 2 日、3 日……10 日中雨日数占相应时段内总日数的比例≥50%，则最后一个雨日为雨季结束日。

1.5　关键期划分

结合水库运行调度需求，对长江上游各子流域和长江中下游流域各关键期的名称和时段划分如下：汛期(6—8 月)、蓄水期(9—11 月)、供水期(12 月—次年 4 月)、消落期(5 月—6 月 10 日)。

第**2**章 汛期气候特征及主要影响因子

2.1 汛期气温时空分布特征

2.1.1 平均气温空间分布特征

1981—2010 年汛期长江流域平均气温为 25.0 ℃,其中金沙江流域 19.40 ℃,岷沱江流域 22.76 ℃,嘉陵江流域 25.1 ℃,乌江流域 22.9 ℃,宜宾—重庆流域 25.4 ℃,重庆—宜昌流域 26.4 ℃,长江中下游流域 26.4 ℃。

汛期是长江流域平均气温一年中最高的一个时段,长江中下游流域平均气温空间分布均匀,89%以上的台站平均气温在 24~28 ℃,大于 28 ℃的地区主要分布在湘东南和赣中南部分地区。长江上游流域平均气温从沿江河谷一带向西北逐渐降低,大于 26.0 ℃的高温区主要分布在上游干流河谷地区。流域平均气温最高值出现在江西贵溪(28.3 ℃),最低值出现在川西北石渠(7.9 ℃)(见图 2.1)。

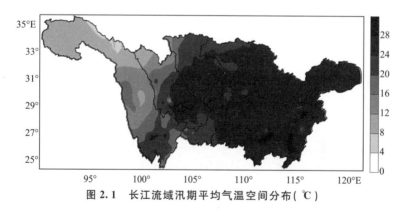

图 2.1 长江流域汛期平均气温空间分布(℃)

2.1.2 高温(≥35 ℃)日数空间分布特征

长江流域汛期高温日数分布极不均匀,总体趋势为自西北向东南逐渐递减,海拔高度越高,高温日数越少(见图 2.2)。汛期长江流域有两个高温日数高值区域,分别为长江中下游流域南部一带和三峡峡谷。岷沱江、金沙江流域几乎未出现 35 ℃以上高温。30 年累积高温日数最多站点出现在弋阳站,达 1183 d,19 站高温日数 1000 d 以上,占所有站点的 3.0%,72 站未出现 35 ℃以上高温,占所有站点的 11.2%。

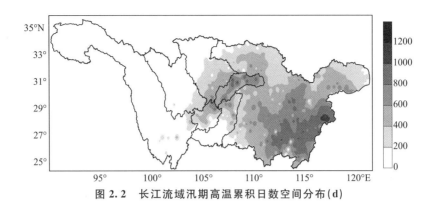

图 2.2 长江流域汛期高温累积日数空间分布(d)

2.1.3 高温(≥35 ℃)日数年代际特征

长江流域汛期平均高温日数 13.3 d,最多 23.5 d(2006 年),最少 5.6 d(1987 年)(见图 2.3)。近 52 年,汛期高温日数呈增大趋势,增大速率约为 0.5 d/10a。20 世纪 90 年代是高温日数最少的时期,平均约为 11.0 d,近 10 年高温日数增加迅速,平均值约为 16.8 d。

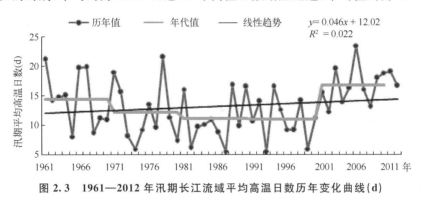

图 2.3 1961—2012 年汛期长江流域平均高温日数历年变化曲线(d)

2.2 汛期降水时空分布特征

2.2.1 降水空间分布特征

1981—2010 年汛期长江流域平均降水量为 524.5 mm,其中金沙江流域 517.4 mm,岷沱江流域 545.5 mm,嘉陵江流域 516.5 mm,乌江流域 529.7 mm,宜宾—重庆流域 510.4 mm,重庆—宜昌流域 507.1 mm,长江中下游流域 525.8 mm。

长江上游的六大子流域和长江中下游平均降水量为 517~546 mm,分布比较均匀(见图 2.4)。其中金沙江下游、岷沱江下游、乌江上游和长江中下游的鄂西南、湘西北、江西东北部等地降水量大于 700 mm,长江上游西北部和中下游北部局部地区降水量小于 400 mm。流域内最大平均降水量出现在安徽黄山(1042 mm),最小平均降水量出现在川西北的茂县(218 mm)。

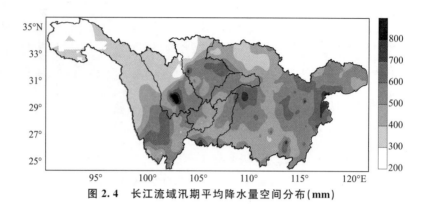

图 2.4　长江流域汛期平均降水量空间分布(mm)

2.2.2　各流域降水年代际特征

长江流域平均降水量 511.7 mm,最大 677.8 mm(1998 年),最小 369.3 mm(1978 年)(见表 2.1)。近 52 年,长江流域降水量呈不明显的增加趋势,增大速率为 8.6 mm/10a,20世纪 70 年代是降水量最少的时期,90 年代是降水量最多的时期(见图 2.5);2003 年降水量出现减小的突变,1980 年和 1993 年降水量出现增加的突变;降水量振荡的主要周期是 15年,其次是 3 年。

表 2.1　1961—2012 年汛期长江流域降水量特征值(mm)

流域名称	平均降水量	最大年降水量		最小年降水量	
		年　份	降水量	年　份	降水量
长江流域	511.7	1998	677.8	1978	369.3
长江上游	517.1	1998	698.8	2006	344.1

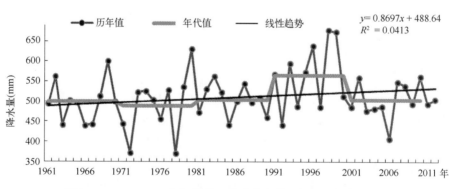

图 2.5　1961—2012 年汛期长江流域降水量历年变化曲线(mm)

长江上游流域平均降水量 517.1 mm,最大 698.8 mm(1998 年),最小 344.1 mm(2006年)(见表 2.1)。近 52 年,长江上游流域降水量呈减小趋势,减小速率为 5.3 mm/10a,20 世纪 90 年代是降水量最大的时期,2001—2010 年是降水量最少的时期,其次是 20 世纪 70 年代(见图 2.6);1979 年降水量出现增加的突变;降水量振荡的主要周期是 18 年,其次是 3 年。

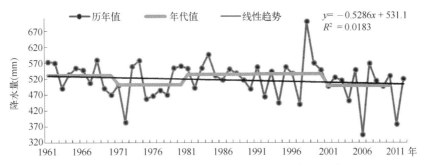

图 2.6 1961—2012 年长江上游流域汛期降水量历年变化曲线(mm)

长江上游六大子流域 1961—2012 年汛期降水量变化趋势较明显。金沙江、岷沱江和宜宾—重庆流域呈减少趋势,岷沱江流域减少趋势最明显(17.3 mm/10a),其他子流域呈不明显的增加趋势(见图 2.7~图 2.12),相关特征值见表 2.2。

长江中下游流域 1961—2012 年汛期降水量增加趋势最明显(18.1 mm/10a)(见图 2.13),相关特征值见表 2.2。

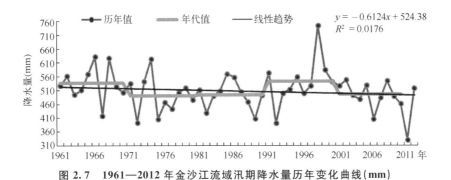

图 2.7 1961—2012 年金沙江流域汛期降水量历年变化曲线(mm)

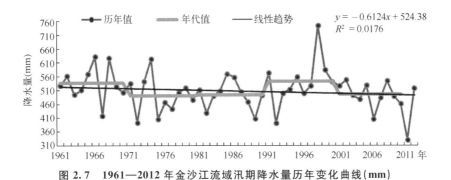

图 2.8 1961—2012 年岷沱江流域汛期降水量历年变化曲线(mm)

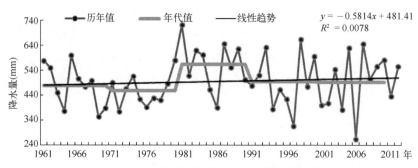

图 2.9　1961—2012 年嘉陵江流域汛期降水量历年变化曲线（mm）

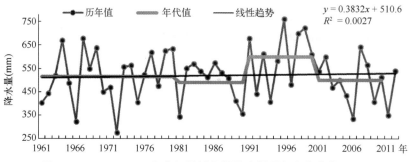

图 2.10　1961—2012 年乌江流域汛期降水量历年变化曲线（mm）

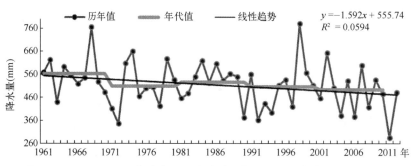

图 2.11　1961—2012 年宜宾—重庆流域汛期降水量历年变化曲线（mm）

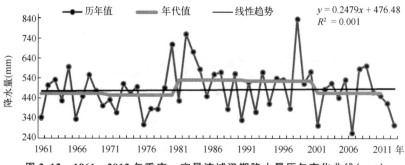

图 2.12　1961—2012 年重庆—宜昌流域汛期降水量历年变化曲线（mm）

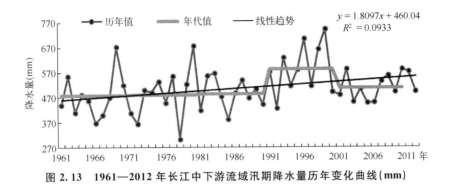

图 2.13　1961—2012 年长江中下游流域汛期降水量历年变化曲线(mm)

表 2.2　　1961—2012 年汛期长江流域降水量特征值

	金沙江	岷沱江	嘉陵江	乌江	宜宾—重庆	重庆—宜昌	中下游
平均降水量(mm)	508.2	552.7	496.8	520.8	513.6	483.0	508.0
最大降水量(mm)	743.2	806.6	721.6	760.7	780.0	836.4	743.0
最大年份	1998	1961	1981	1996	1998	1998	1999
最小降水量(mm)	329.6	362.0	263.8	274.2	284.7	266.5	301.6
最小年份	2011	2006	2006	1972	2011	2006	1978
变化趋势	减小	减小**	增大	增大	减小*	增大	增大**
正突变年	1993	—	1980	1991	—	1980	1993
负突变年	1975、2003	1993	1990	2003	1988	1988	2003、2000
主/次周期(a)	17/4	13/5	26/9	17/3	18/6	16/5	14/6

注:** 表示通过 0.05 的显著性检验,* 表示通过 0.1 的显著性检验,无 * 表示没有通过显著性检验。

2.3　暴雨(大暴雨、特大暴雨)日数时空特征

2.3.1　汛期暴雨日数空间分布特征

1981—2010 年汛期长江流域平均暴雨日数为 1.8 d,其中金沙江流域 1.0 d,岷沱江流域 1.7 d,嘉陵江流域 1.9 d,乌江流域 1.7 d,宜宾—重庆流域 1.7 d,重庆—宜昌流域 1.8 d,长江中下游流域 2.0 d。

长江上游六大子流域和长江中下游流域,除金沙江流域平均暴雨日数年不到 1 d 外,其他流域平均暴雨日数均在 1.6～2.0 d。平均暴雨日数大于 2 d 的地区主要出现在长江中下游沿江及江南地区、以万源为中心的大巴山地区、以雅安为中心的川西地区和以盐边为中心的金沙江下游地区(见图 2.14)。流域内最大平均暴雨日数出现在安徽黄山(4.1 d)。

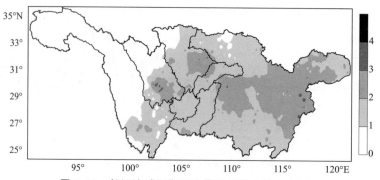

图 2.14 长江流域汛期平均暴雨日数空间分布(d)

2.3.2 汛期大暴雨日数空间分布特征

汛期长江流域 1981—2010 年各气象台站平均大暴雨日数 11.0 d,其中金沙江流域 2.2 d,岷沱江流域 12.1 d,嘉陵江流域 13.8 d,乌江流域 7.6 d,宜宾—重庆流域 8.0 d,重庆—宜昌流域 8.8 d,长江中下游流域 12.7 d。

汛期嘉陵江、长江中下游和岷沱江流域为大暴雨多发区,平均大暴雨日数超过 12 d,金沙江流域大暴雨日数最少。大暴雨日数超过 20 d 的地区主要分布在中下游的鄂、皖、赣地区,上游的大巴山地区和川西地区(见图 2.15)。流域内最大的大暴雨日数出现在川西雅安(56 d)。

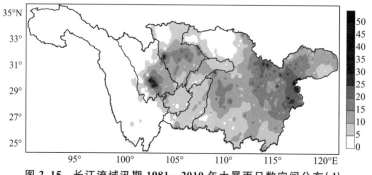

图 2.15 长江流域汛期 1981—2010 年大暴雨日数空间分布(d)

2.3.3 汛期特大暴雨日数空间分布特征

汛期长江流域 1981—2010 年累计特大暴雨日数 131 d,其中金沙江流域 1 d,岷沱江流域 25 d,嘉陵江流域 6 d,乌江流域 2 d,宜宾—重庆流域 3 d,重庆—宜昌流域 3 d,长江中下游流域 91 d。全流域各气象台站平均特大暴雨日数 0.20 d,其中金沙江流域 0.02 d,岷沱江流域 0.40 d,嘉陵江流域 0.13 d,乌江流域 0.05 d,宜宾—重庆流域 0.13 d,重庆—宜昌流域 0.14 d,长江中下游流域 0.24 d(见表 2.3)。

汛期特大暴雨空间分布与年特大暴雨空间分布相似(金沙江、乌江、宜宾—重庆 3 个子流域 1981—2010 年特大暴雨均集中在 6 月 11 日—8 月 31 日),发生频率最高的是岷沱江流

域,其次是长江中下游流域、嘉陵江流域、重庆—宜昌流域、宜宾—重庆流域、乌江流域,金沙
江流域频率最低(见图2.16)。流域内最多大暴雨日数出现在四川峨眉市和湖北鹤峰(3 d)。

表 2.3　汛期长江流域 1981—2010 年特大暴雨统计特征值(d)

流域名称	金沙江	岷沱江	嘉陵江	乌江	宜宾—重庆	重庆—宜昌	长江中下游	全流域
特大暴雨日数	1	25	6	2	3	3	91	131
平均特大暴雨日数	0.02	0.40	0.13	0.05	0.13	0.14	0.24	0.20

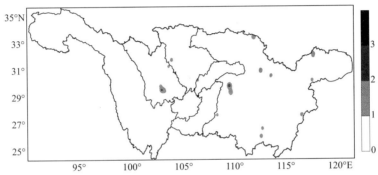

图 2.16　汛期长江流域 1981—2010 年特大暴雨日数空间分布(d)

2.4　长江上游流域区域性暴雨过程

1981—2010 年长江上游流域共出现 35 次典型区域性暴雨过程(见表2.4),持续时间
1～5 d 不等。

表 2.4　1981—2010 年长江上游流域典型区域性暴雨过程

暴雨过程 (年-月-日)	暴雨以 上站数	单站最大 降水(mm)	上游平均降 水量(mm)	六大子流域平均降水量(mm)					
				金沙江	岷沱江	嘉陵江	乌江	宜宾—重庆	重庆—宜昌
1981-07-12	18	125.2	9.3	2.4	18.0	23.5	0.1	0.0	0.8
1981-07-13	52	299.6	30.9	3.8	81.3	51.9	0.1	11.5	0.0
1981-07-14	36	181.6	22.1	19.9	6.0	49.9	12.7	35.5	16.5
1982-07-27	36	238.0	21.4	5.1	15.4	60.2	2.3	10.9	49.1
1982-07-28	28	306.9	16.6	11.9	2.7	6.9	54.5	5.9	34.4
1982-07-29	12	78.3	13.8	14.0	5.5	13.2	14.9	24.3	24.6
1983-07-29	23	169.0	14.6	6.1	24.0	37.3	0.2	5.7	0.0
1983-07-30	31	218.5	19.4	12.7	29.5	38.4	0.7	21.7	0.8
1983-07-31	27	188.4	18.6	32.1	2.6	23.8	19.9	14.6	14.3

（续表）

暴雨过程 （年-月-日）	暴雨以 上站数	单站最大 降水（mm）	上游平均降 水量（mm）	六大子流域平均降水量（mm）					
				金沙江	岷沱江	嘉陵江	乌江	宜宾—重庆	重庆—宜昌
1983-08-17	21	314.7	13.4	1.6	41.8	15.3	0.7	0.3	0.5
1983-08-18	20	153.2	11.6	3.9	17.5	32.7	1.1	3.1	0.1
1983-08-19	26	126.2	15.4	5.3	9.7	29.1	13.5	13.9	37.3
1984-07-02	55	362.3	28.6	17.5	41.7	41.2	5.6	56.0	9.1
1984-07-06	59	163.0	27.7	17.4	26.9	68.4	2.7	33.7	11.1
1984-07-07	13	111.5	9.7	15.6	1.2	2.8	17.5	3.2	24.1
1986-07-02	19	148.6	14.1	4.2	14.6	20.3	10.6	27.1	21.0
1986-07-03	35	123.3	22.5	15.6	15.6	18.0	49.2	40.9	5.2
1986-07-04	21	156.7	15.6	17.9	4.9	2.2	36.0	21.0	25.7
1987-06-26	30	256.3	21.3	13.0	54.7	17.0	8.0	5.2	2.4
1987-06-27	40	135.7	21.5	10.6	15.2	48.8	10.5	18.3	35.8
1987-06-28	12	92.7	10.9	20.4	3.4	4.2	14.0	8.3	14.9
1988-06-26	27	315.3	19.7	17.7	18.6	20.7	10.3	53.4	8.7
1988-06-27	28	132.9	12.9	13.4	1.1	1.9	47.7	15.1	3.7
1988-07-24	41	155.8	21.4	6.6	29.6	56.3	0.9	17.0	8.6
1989-07-08	24	144.8	15.7	5.2	20.4	25.7	0.3	22.3	33.3
1989-07-09	16	182.7	13.5	5.4	11.0	31.0	2.2	9.4	31.0
1989-07-10	28	286.1	18.8	2.4	5.3	63.4	1.7	7.0	51.9
1989-07-11	16	127.9	13.3	16.8	3.4	1.8	15.8	8.3	56.2
1989-07-26	57	213.3	27.5	11.2	59.7	28.8	2.2	36.1	19.8
1989-07-27	55	165.9	30.1	35.8	14.0	7.1	43.4	89.1	21.4
1989-08-19	48	106.4	27.2	15.0	29.1	36.2	12.0	59.6	31.9
1990-06-29	26	160.1	16.9	9.4	31.4	33.7	1.7	5.5	1.1
1990-06-30	28	201.0	20.9	15.1	11.5	30.5	14.2	20.1	57.6
1990-07-17	50	187.4	27.6	13.0	61.5	27.7	3.5	26.6	19.1
1991-06-29	29	177.9	17.8	6.2	28.3	47.9	1.2	5.4	1.7
1991-06-30	48	290.2	24.6	10.6	12.5	24.9	2.6	76.2	85.6
1991-07-01	16	141.4	9.4	15.9	0.3	0.1	31.0	0.3	6.1
1992-07-12	24	161.4	12.7	1.0	29.9	27.6	0.0	0.1	2.2
1992-07-13	42	235.4	23.4	20.5	29.0	38.2	5.8	33.7	6.4
1992-07-14	9	97.6	11.6	12.9	13.7	25.2	1.1	0.9	2.0

（续表）

暴雨过程 （年-月-日）	暴雨以 上站数	单站最大 降水（mm）	上游平均降 水量（mm）	六大子流域平均降水量（mm）					
				金沙江	岷沱江	嘉陵江	乌江	宜宾—重庆	重庆—宜昌
1993-06-27	41	165.4	20.1	0.7	37.0	59.0	0.1	1.0	0.3
1993-06-28	25	187.2	15.2	16.9	9.7	33.3	2.1	22.2	3.3
1995-08-10	12	226.4	9.2	5.0	20.5	13.7	0.2	5.0	0.7
1995-08-11	39	266.3	24.7	7.7	69.7	23.0	0.5	16.9	4.3
1995-08-12	9	133.2	14.7	13.4	5.4	16.9	10.8	38.0	25.1
1998-07-05	16	356.6	12.3	4.3	34.3	14.9	1.1	0.1	0.5
1998-07-06	41	179.6	20.9	23.7	40.6	16.9	4.2	16.5	0.3
1999-07-13	15	189.6	8.8	2.2	28.3	7.5	0.0	0.3	0.0
1999-07-14	13	188.5	13.0	16.8	10.5	12.7	5.2	32.5	4.1
1999-07-15	40	146.0	24.4	14.1	11.2	55.7	12.4	22.4	48.5
1999-07-16	31	190.4	20.1	16.6	3.0	3.3	62.6	20.0	39.6
2000-08-17	34	187.5	17.9	2.8	40.7	33.8	2.9	5.8	3.4
2000-08-18	19	127.1	13.8	12.8	6.3	27.0	1.8	28.3	16.4
2001-08-19	51	222.5	27.2	5.7	62.4	54.9	1.9	3.9	0.4
2001-08-20	12	135.9	11.3	16.4	0.9	25.3	6.7	4.3	10.5
2002-08-08	13	123.9	10.0	4.0	15.5	28.3	0.1	0.8	0.2
2002-08-09	53	137.4	29.6	24.3	35.0	21.6	21.7	64.0	25.0
2003-07-19	41	218.6	25.0	16.0	18.8	20.8	32.8	47.8	39.9
2003-08-29	16	249.2	9.1	2.3	23.8	15.5	0.1	0.2	0.4
2003-08-30	45	148.9	23.0	10.3	43.7	46.4	2.7	10.9	1.5
2005-07-08	37	158.2	19.9	10.0	20.0	25.0	7.4	60.2	16.7
2005-07-09	23	171.2	14.6	17.8	3.2	15.3	23.2	7.2	29.3
2005-07-10	18	135.4	16.3	17.1	5.0	2.7	39.4	13.7	36.4
2006-07-07	41	145.2	20.7	26.0	9.5	8.2	25.9	56.6	14.8
2007-07-16	13	160.0	8.3	0.9	11.9	26.3	0.1	3.9	0.5
2007-07-17	26	271.0	15.3	2.5	3.5	42.3	2.3	28.2	36.9
2007-07-18	22	126.8	17.1	10.8	12.9	31.4	4.7	34.7	19.8
2007-07-19	9	86.8	15.1	19.6	10.1	16.3	10.5	17.5	18.5
2007-07-20	12	95.8	9.3	17.0	2.4	10.7	5.4	0.8	18.6

（续表）

暴雨过程	暴雨以	单站最大	上游平均降	六大子流域平均降水量(mm)					
（年-月-日）	上站数	降水(mm)	水量(mm)	金沙江	岷沱江	嘉陵江	乌江	宜宾—重庆	重庆—宜昌
2008-07-21	39	226.1	19.5	2.5	23.5	66.8	0.5	0.3	13.8
2008-07-22	36	140.6	19.2	11.6	4.3	8.1	55.1	8.8	54.5
2009-06-28	30	210.4	20.1	5.4	48.9	20.5	0.8	13.8	22.2
2009-06-29	25	164.3	19.6	15.1	11.9	17.6	26.0	21.7	44.7
2009-07-31	46	144.1	21.5	16.8	45.5	30.8	0.6	6.3	1.3
2009-08-01	11	129.7	9.2	9.1	6.0	24.8	3.6	1.6	3.3
2009-08-03	19	233.4	13.8	1.7	13.6	41.2	3.2	17.5	6.2
2009-08-04	38	192.2	23.6	20.4	9.8	24.1	30.2	58.8	20.1
2010-07-16	13	102.9	9.0	2.8	17.8	16.5	0.0	0.6	11.3
2010-07-17	42	257.6	24.0	13.6	39.1	52.7	0.0	16.8	1.0
2010-07-18	12	193.3	9.7	12.6	1.4	23.6	1.8	3.7	15.0
2010-07-25	45	284.5	23.8	14.6	47.0	33.0	9.1	13.7	3.1

典型区域性暴雨过程最大累积面雨量为 66.3 mm（1999 年 7 月 13—16 日）、其次为 64.9 mm（2007 年 7 月 16—20 日）。

过程均出现在 6—8 月，7 月出现典型区域性暴雨过程的频率最高，共出现 20 次典型区域性暴雨过程，占比 57%；8 月出现 8 次典型区域性暴雨过程，6 月出现 5 次典型区域性暴雨过程，6—7 月和 7—8 月间各出现 1 次典型区域性暴雨过程。

1981—2010 年长江上游 35 次典型区域性暴雨过程累积面雨量为 1443.9 mm，各子流域中，嘉陵江降水强度最大，其次是岷沱江，乌江降水强度最小。嘉陵江累积面雨量最大达 2202.2 mm，其他子流域分别为岷沱江 1707.1 mm，宜宾—重庆 1574.5 mm，重庆—宜昌 1388.4 mm，金沙江 949.0 mm，乌江 892.1 mm。

2.5 长江流域汛期降水分型及年代际特征

2.5.1 EOF 分型

利用长江流域 1961—2012 年降水资料，采用 EOF 分解方法将长江流域降水空间分布与时间序列分离开来，对汛期降水进行雨型分类。通过分析得出，长江流域 1961—2012 年汛期降水 EOF 空间分布型为全流域一致型、全流域南北型。

长江流域 1961—2012 年汛期降水 EOF 第一空间分布型为全流域一致型（见图 2.17），除金沙江上游西部局部、岷沱江南部和嘉陵江北部及洞庭湖和鄱阳湖南部与整个流域位相相反外，其他流域都一致。此空间分布型对应的解释方差为 19.8%，由时间系数可以看出，在 1969 年、1980 年、1991 年、1993 年、1996 年、1998 年和 1999 年的降水分布型为长江流域

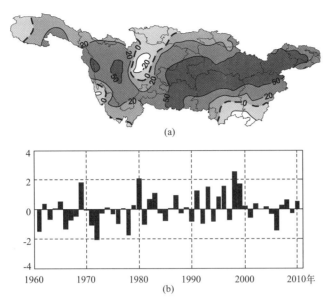

图 2.17　长江流域汛期降水量标准化距平场 EOF 展开第一模态
空间分布(a)和第一模态对应的时间系数(b)

一致偏多型或者类似于长江流域一致偏多型,其中 1999 年最为类似。同样由时间系数可以看出在 1961 年、1966 年、1971 年、1972 年、1978 年、1981 年和 2006 年则与长江流域一致偏多型对应的时间系数相反为负,所提及的年份降水分布表现为一致偏少,其中 1972 年和 1978 年为明显的一致偏少型。

长江流域 1961—2012 年汛期降水 EOF 第二空间分布型为全流域南北型(见图 2.18),

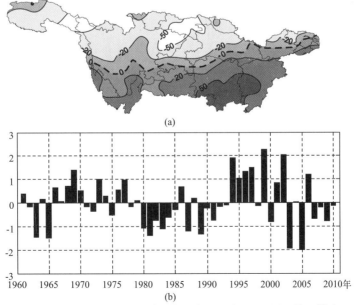

图 2.18　长江流域汛期降水量标准化距平场 EOF 展开第二模态
空间分布(a)和第二模态对应的时间系数(b)

在长江以南与以北存在明显相反的空间分布,南边少则北边多,反之亦然。该空间型对应的解释方差达 11.8%,由对应的时间系数看出,1963 年、1965 年、1987 年、1989 年、1991 年和2003 年汛期降水为北多南少型或类似于北多南少型,其中 2003 年最为类似,而 1994 年、1997 年、1999 年、2002 年和 2006 年的降水分布型则表现为北少南多,其中 2002 年最为类似。

2.5.2 汛期旱涝年代际特征

根据已有研究成果,利用 Z 指数作为区域旱涝指标在长江流域旱涝年的判定中较为适用,其确定的排名靠前的洪涝、干旱年份在降水距平百分率以及水情资料的分析中也得到了很好的印证。根据 Z 指数作为区域旱涝指标确定的长江流域汛期典型洪涝年份为 1998 年、1999 年、1980 年和 1996 年,汛期典型干旱年份为 1972 年、2006 年、1978 年、2011 年和1966 年。

按照 1.4.3 节中流域旱涝指数的标准进行统计分析,得到长江流域 1961—2012 年逐年汛期洪涝指数 IF 和干旱指数 ID 变化(见图 2.19),其中趋势线为五项多项式拟合曲线。从图中可以看出,汛期干旱指数波峰值一般对应洪涝指数波谷值,即当洪涝程度严重时干旱程度一般较轻,反之当干旱程度严重时,洪涝程度较轻。在阶段性峰值之间,洪涝和干旱程度基本相当,这些年份长江流域汛期偏涝(旱)以上等级站点比较少或者出现偏旱以上等级站点与偏涝以上等级站点数相当。

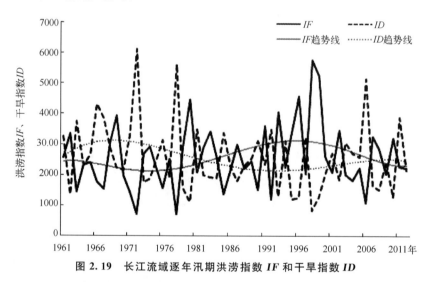

图 2.19 长江流域逐年汛期洪涝指数 IF 和干旱指数 ID

就长江流域汛期旱涝的年代际变化而言,20 世纪 60 年代—80 年代初,旱涝交替出现且变化幅度大,干旱程度总体重于洪涝程度,1972 年长江流域汛期的干旱指数达到峰值,但中下游干旱指数于 1978 年达到峰值;20 世纪 80 年代—90 年代末洪涝程度重于干旱程度,1998 年长江流域以及上游、中下游的洪涝指数均达到峰值。21 世纪又开始出现旱涝交替,干旱程度略重于洪涝程度,其中 2006 年和 2011 年上游的旱涝指数达到最高和次高值(见图 2.20)。

长江流域、上游和中下游流域 1961—2012 年逐年汛期旱涝指数分布见图 2.21 和图2.22。从图中可以看出,长江流域汛期洪涝程度呈略增加的趋势,但上游流域干旱程度呈略增加的趋势,中下游流域洪涝程度呈明显增加的趋势。

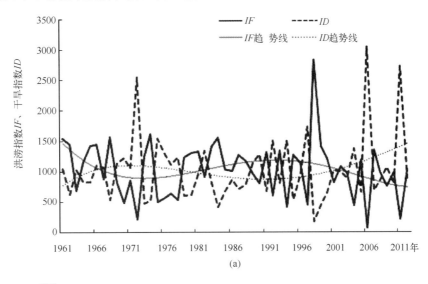

(a)

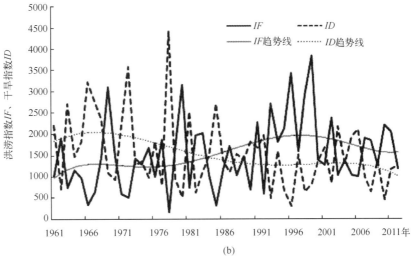

(b)

图 2.20　长江上游(a)、中下游(b)逐年汛期洪涝指数 *IF*、干旱指数 *ID*

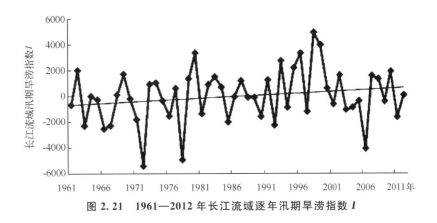

图 2.21　1961—2012 年长江流域逐年汛期旱涝指数 *I*

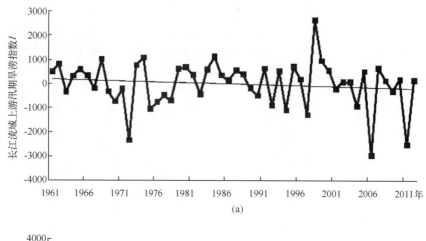

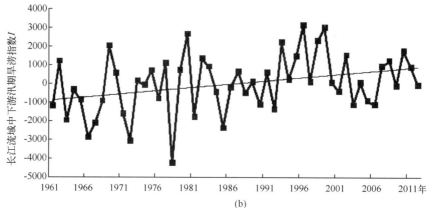

图 2.22　1961—2012 年长江上游(a)、中下游(b)流域逐年汛期旱涝指数 *I*

2.6　长江流域汛期旱涝环流特征

2.6.1　500 hPa 高度场

图 2.23 是长江流域汛期典型旱涝年 500 hPa 高度及距平合成图,从旱年的 500 hPa 高度场距平来看:①北半球为大范围负距平所覆盖,表明北半球高度场以偏低为主;②东亚中高纬地区为负距平区,表明阻塞高压不显著;③西太平洋副高面积偏小、强度偏弱、脊线位置正常偏北。从涝年的 500 hPa 高度场合成来看,其主要特征与少雨年正好相反:①东亚地区从高纬到低纬表现为典型的"＋－＋"的遥相关距平型;②东亚中高纬地区有两个正距平中心,分别位于乌拉尔山地区和鄂霍茨克海地区,表明阻塞高压发展;③东亚中低纬地区是一个明显的负距平带,即从我国华北到朝鲜半岛、日本一带高度偏低,表明中纬度低槽十分活跃;④30°N 以南的西太平洋地区高度场显著偏高,偏高的范围往西还包括南海及中南半岛地区,说明西太平洋副热带高压偏强,位置偏西,西太平洋副高面积偏大,强度偏强,脊线位置处于正常偏南的状态(柳艳香 等,2008;孙林海 等,2005)。旱涝年的差值 *t* 检验结果和长

江流域降水指数与 500 hPa 高度场的相关分布也存在"＋－＋"的分布,通过 95％置信度检验的区域主要分布在中高纬的乌拉尔山和鄂霍茨克海地区和副热带地区的正相关区,负相关区没有通过 95％置信度检验。高度场的这种特征反映出东亚地区低纬异常的反气旋及中纬异常气旋环流型,使南方来的暖湿空气与北方来的冷空气交汇于长江中下游地区,有利于长江流域降水偏多(见彩图 2.23)(龚道溢 等,2000)。

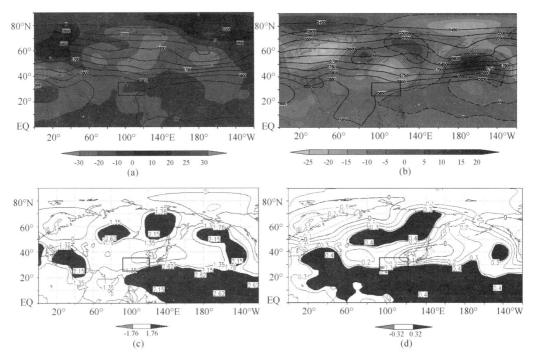

图 2.23(彩) 夏季典型旱年(a,c)和涝年(b,d)500 hPa 高度场及距平场合成分布(dagpm)(等值线为高度场合成,阴影为距平场合成)旱涝年差值 t 检验及降水指数与 500 hPa 高度场相关

(c、d 中阴影区为通过 95％置信度检验的区域)

2.6.2 100 hPa 高度场

从旱年的 100 hPa 高度场距平合成来看,北半球为大范围负距平所覆盖,表明北半球高度场以偏低为主,从高度场合成来看,南亚高压偏弱、偏北、偏西;从涝年的 100 hPa 高度场距平合成来看,北半球为大范围正距平所覆盖,正距平中心主要位于青藏高原和伊朗高原偏南的大部分地区,从高度场合成来看,南亚高压偏强、偏南、偏东。旱涝年的差值 t 检验结果表明,青藏高原和伊朗高原偏南的大部分地区通过了 95％置信度检验。从长江流域降水指数与 100 hPa 高度场的相关分布来看(见彩图 2.24),我国华北地区、东北地区偏南以及渤海、朝鲜半岛及日本北部地区为负相关区,其余地区为正相关区。但是负相关区域均未通过95％置信度检验。正相关区域位于青藏高原和伊朗高原偏南的大部分地区,说明当南亚高压偏南、强度偏强时,长江流域汛期降水可能偏多(偏涝),反之,当南亚高压偏北、强度偏弱时,长江流域汛期降水偏少(偏旱)的可能性大。

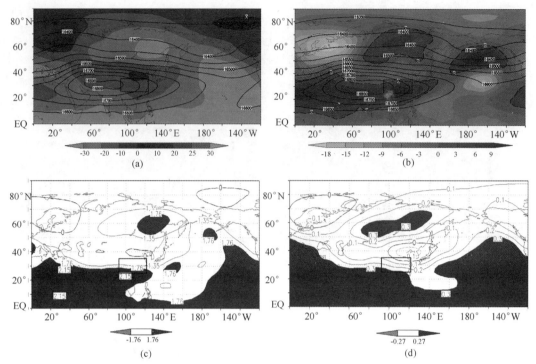

图 2.24(彩) 夏季典型旱年(a、c)和涝年(b、d) 100 hPa 高度场及距平场合成分布(dagpm)(等值线为高度场合成,阴影为距平场合成)旱涝年差值 t 检验及降水指数与 500 hPa 高度场相关
(c、d 中阴影区为通过 95% 置信度检验的区域)

2.6.3　850 hPa 和 200 hPa 风场

低层 850 hPa 风场形势能够在一定程度上表征水汽及冷暖空气输送。图 2.25a 表示的是夏季典型旱年 850 hPa 风场距平合成图,华南至东北亚为一致的西南风异常控制,反映偏强的东亚夏季风,有利于热带水汽向我国北方地区输送,长江流域降水偏少。同时,阿拉伯海至印度半岛中部为异常气旋性环流,也使得印度季风槽显著偏弱,孟加拉湾附近的水汽向我国西南地区输送偏弱。我国华北、东北地区以及日本大部地区水汽输送增强,而在淮河以南广大地区西南向水汽输送则减弱。200 hPa 青藏高原上为异常东风,高原的北面有较强反气旋性环流异常,表明青藏高压位置偏北(见图 2.25c)。

而涝年西北太平洋呈反气旋性环流异常,副高偏强、偏南。一般来说,西太平洋副高脊线偏南时,西太平洋副高的南边盛行东风气流,而西北边缘则盛行西南气流。当西太平洋副高偏北时,西北边缘的西南气流也偏北,正好位于我国华北、东北及日本一带,造成该地区水汽输送偏强,而江淮地区西南向水汽输送减弱,东风水汽输送则有可能增强,整个西南水汽输送偏东,表现为南海南部至菲律宾地区水汽输送偏强;反之,当副高偏南时,西北边缘的西南气流正好位于江淮地区,该地区水汽输送增强。200 hPa 青藏高原南部为反气旋环流异常,高原的西北和东北侧各有一较强气旋性环流异常,表明青藏高压位置偏南。另外,南海和西太平洋与低空相反,呈气旋性环流异常,因此,南海和西太平洋的距平涡旋具有斜压性(杨辉 等,2003)。

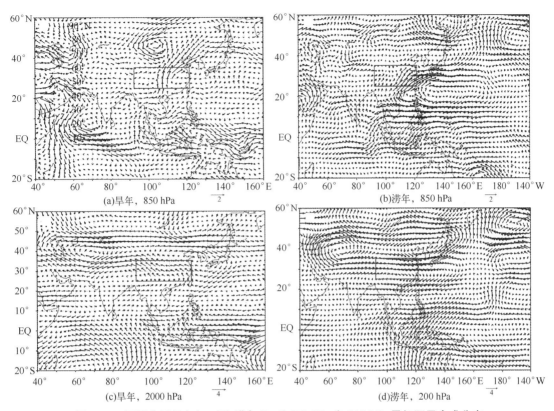

图 2.25　夏季典型旱年(a、c)和涝年(b、d) 850 hPa 和 200 hPa 风场距平合成分布

2.6.4　OLR

　　OLR 是气象卫星观测的地气系统的射出长波辐射,它能反映出大气的许多信息,在热带 OLR 能很好地反映对流发展的强弱、大尺度垂直运动等。从夏季 OLR 多年平均场分布(图 2.26a)可以看出,北半球热带地区,在 70°~160°E 存在一条 OLR 低值带,该低值带上存在两个明显的低值中心:一个位于孟加拉湾中东部,其中心值<180 W/m²,中心纬度大致为15°N;另一个低值中心位于南海至菲律宾以东,其中心值<200 W/m²,中心纬度大致为 12°N。这条低值带可大致视为 ITCZ 区域,其范围主要为 8°S~18°N,这个区域对流非常旺盛。明显的 OLR 高值区主要有三个,分别位于西北太平洋(对应于西北太平洋副热带高压)、澳大利亚北部(对应于澳大利亚高压)以及阿拉伯半岛至伊朗高原(对应于伊朗高压)(李永华等,2009,2010)。将长江流域降水指数与夏季 OLR 进行相关分析可见(图 2.26b),在长江流域为显著的负相关区,而中南半岛以东至菲律宾以东洋面为显著正相关区。在典型洪涝年中选取有资料的 6 年(1998、1980、1999、1993、1996、1983 年)OLR 的距平合成图可见(图2.26b),在长江中下游地区为负距平区,对流活动强度偏强。中南半岛以东至菲律宾以东洋面为正距平区。蒋尚城等(1989)认为,以 OLR 大于 250 W/m² 所包围的区域为大规模下沉干区,对应于副热带高压区域,从中南半岛至南海、菲律宾及其以东地区对流偏弱,西北太平洋副高强度偏强、位置偏南。在典型干旱年中选取有资料的 3 年(2006、1992、1985 年)OLR

的距平合成图的分布特征与干旱年相反。6 个涝年和 3 个干旱年都很好地体现了相关场所描述的分布特征。

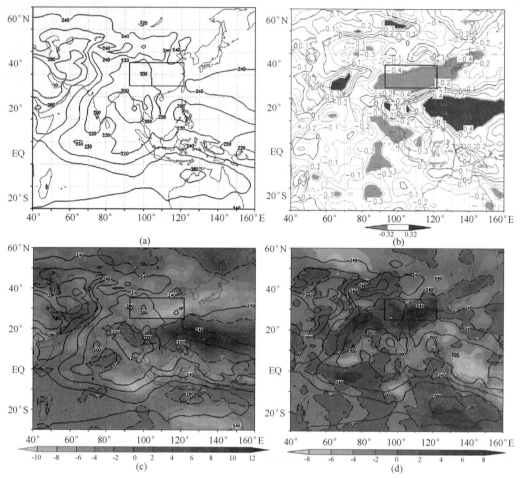

图 2.26　夏季 OLR 多年平均场(a)、长江流域汛期降水指数与夏季 OLR 相关系数场(b)、6 个洪涝年(c)和 3 个干旱年(d)夏季 OLR 平均场及其距平场(W/m²)

2.6.5　环流特征小结

(1)旱涝年 500 hPa 环流对比结果为,当亚洲中高纬从乌拉尔山到鄂霍茨克海区域与东亚东部从低纬到高纬地区出现"＋－＋"波列形势时,长江流域汛期降水偏多;反之,当亚洲中高纬从乌拉尔山到鄂霍茨克海区域及东亚东部从低纬到高纬地区出现"－＋－"波列形势时,长江流域汛期降水偏少。

(2)旱涝年 100 hPa 环流对比结果为,正负异常区出现在青藏高原和伊朗高原偏南的大部分地区,且通过 95％置信度检验相关区。说明当南亚高压偏南、强度偏强时,长江流域汛期降水可能偏多;反之,当南亚高压偏北、强度偏弱时,长江流域汛期降水偏少的可能性大。

(3)旱涝年 850 hPa 和 200 hPa 风场对比结果为,850 hPa 风场上涝年长江流域为异常偏南气流和异常偏北气流的交汇处,东亚夏季风偏弱,而旱年华南至东北亚为一致的西南风异常控制,反映东亚夏季风偏强。涝年 200 hPa 青藏高原上为异常东风,高原的北面有较强反气旋性环流异常,表明青藏高压位置偏北,强度偏强,旱年 200 hPa 青藏高原南部为反气旋环流异常,高原的西北和东北侧各有一较强气旋性环流异常,表明青藏高压位置偏南。

(4)旱涝年 OLR 对比结果为,典型涝年 OLR 距平场在长江流域为负距平区,对流活动偏强,中南半岛以东至菲律宾以东洋面为正距平区,表明对流活动偏弱,西太平洋副高位置偏南,典型旱年与之相反。

2.7 长江流域汛期降水异常年份的主要影响因子分析

2.7.1 西太平洋副高特征与长江流域旱涝的关系

2.7.1.1 夏季西太平洋副高变化特征

西太平洋副高的季节变化对东亚季风系统的进退起重要作用,对我国天气、气候有重要影响,6 月份脊线第一次北跳过 20°N,脊线位置稳定在 20°~25°N,雨带位于长江中下游地区,长江中下游入梅;7 月上中旬,副高脊线再次北跳过 25°N,摆动在 25°~30°N,长江中下游地区的梅雨结束,进入盛夏,而黄河下游地区进入雨季;7 月末至 8 月初,副高脊线跨越 30°N,到达一年中最北位置,雨带随之北移至华北北部、东北地区;8 月底至 9 月初,高压开始南退,雨带随之南移。由于每年副高的势力强弱不同,北进快慢和东退西伸均有别,副高活动的年际变化较大,雨带有很大差异(赵振国,1999)。

利用国家气候中心 74 项环流指数中定义的西太平洋副高的强弱和位置的 5 个特征量,即面积指数(GM)、强度指数(GQ)、脊线指数(GX)、北界指数(GB)、西伸脊点指数(GJ)等来表示 500 hPa 上西太平洋副高的特征。表 2.5 为西太平洋副高各指数夏季多年平均特征值,副高面积、强度的月际变化不明显,但是年代际变化非常明显,副高强度 1981—2010 年的平均值比 1971—2000 年的平均值大 10,而脊线和西伸脊点不同年代的平均值变化特征不明显,但是月际变化比较明显,副高脊线位置多年平均 6 月位于 20°N,7 月到达 25°N,8 月位于 27°N。西太平洋副高脊线位置变化在 6—8 月最强烈,6—8 月平均北移 12°,西太平洋副高西伸脊点多年平均 6—8 月分别位于 116°E、118°E、119°E,这表明 6—8 月西太平洋副高西伸脊点位置是逐渐东撤,因此,6—8 月表现为北抬东撤。

表 2.5 西太平洋副高各指数夏季多年平均值表

	GM(面积)	GQ(强度)	GX(脊线)(°N)	GB(北界)(°N)	GJ(西伸脊点)(°E)
1951—2012 年	22.1	41.8	24.6	30.0	119.8
1971—2000 年	21.7	41.2	24.2	29.6	121.8
1981—2010 年	25.8	51.2	24.3	29.6	117.9
6 月	24.5	50.1	20.4	25.8	116.4
7 月	26.9	54.0	25.2	30.5	118.4
8 月	25.9	49.6	27.2	32.5	119.0

注:各月值分别为 1981—2010 年的平均值。

从图 2.27 中可以看出,副高面积和副高强度有非常好的相关性。表 2.6 给出了 5 个指数之间的相关系数,可以看出夏季副高面积指数和强度指数之间存在显著地正相关,其相关系数达 0.96。这主要说明这两种指数的定义是一致的,从不同的侧面反映了同一种现象,即副高的面积越大,其强度就越大(李江南,2003)。副高面积和强度在 20 世纪 70 年代末期存在明显的年代际突变,70 年代末以前副高面积偏小、强度偏弱,70 年代末以后副高转为面积偏大、强度偏强的变化趋势。从图 2.27b 中可以看出,西伸脊点有显著的年代际变化。20 世纪 60 年代以前副高西伸脊点偏西;60 年代后期至 90 年代前期为西伸脊点偏东;90 年代后至今西伸脊点总体偏西。西太平洋副高的面积指数、强度指数均与西伸脊点指数呈显著的负相关,相关系数均达 -0.72,说明副高面积和强度指数与西伸脊点指数的变化基本是相反的,当夏季西太平洋副高面积越大、强度越强时,那么西伸就更明显,反之位置偏东。西太平洋副高北界和脊线位置具有很好的一致性,二者也存在明显的正相关,相关系数达 0.83,这两个指数均一致表征了西太平洋副热带高压体位置偏北或偏南。但是不像副高强度有很好的年代际特征,在平均值附近振荡。

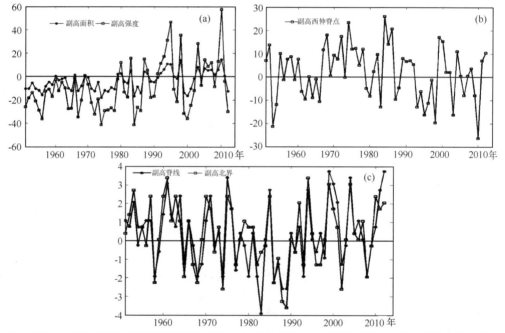

图 2.27　1951—2012 年西太平洋副高面积和强度(a)、西伸脊点(b)、脊线和北界(c)特征指数距平变化

表 2.6　西太平洋副高特征量之间的相关系数(1951—2012 年)

	GM(面积)	GQ(强度)	GX(脊线)	GB(北界)	GJ(西伸脊点)
GM	1.00	0.96*	-0.21	0.07	-0.72*
GX		1.00	-0.19	0.12	-0.72*
GX			1.00	0.83*	0.12
GB				1.00	-0.09
GJ					1.00

* 表示相关显著性通过了 99.9% 的置信度检验。

2.7.1.2 副高对 ENSO 事件的响应

表 2.7 为夏季西太平洋副高各指数距平与 Nino3 区海温距平超前和滞后相关系数。由表可见,Nino3 区海温对副高各指数均超前 2～5 个月相关系数达到 95％的置信度检验,且副高面积、强度与 Nino3 区海温呈正相关关系,副高脊线和西伸脊点与 Nino3 区海温呈正负相关关系,当赤道东太平洋 SST 持续变暖(或变冷时),2～5 个月后将有利于西太平洋副高面积偏大、强度偏强、脊线偏南、西伸脊点偏西(面积偏小、强度偏弱、脊线偏北、西伸脊点偏东)(赵振国,1999)。

表 2.7 夏季西太副高各指数距平与 Nino3 区海温距平超前和滞后相关

	GM(面积)	GQ(强度)	GX(脊线)	GJ(西伸脊点)
NINO3(−5)	0.65	0.68	−0.32	−0.59
NINO3(−4)	0.55	0.60	−0.35	−0.54
NINO3(−3)	0.43	0.48	−0.31	−0.47
NINO3(−2)	0.39	0.41	−0.30	−0.40
NINO3(−1)	0.27	0.22	−0.26	−0.24
NINO3(0)	0.17	0.08	−0.30	−0.16
NINO3(1)	0.08	−0.03	−0.27	−0.09
NINO3(2)	0.04	−0.10	−0.24	−0.04
NINO3(3)	−0.02	−0.15	−0.22	0.01
NINO3(4)	−0.05	−0.17	−0.11	0.06
NINO3(5)	−0.03	−0.15	−0.11	0.06
NINO3(6)	−0.03	−0.13	−0.09	0.06

由于副高各指数对 Nino3 区海温有滞后 2～5 个月的响应,国家气候中心定义 1951 年以来中东太平洋共出现 13 次 El Niño 事件和 13 次 La Niña 事件,对这些事件结束年的副高各指数距平值进行统计。由于副高面积和强度在 20 世纪 70 年代发生突变,80 年代以前基本为负距平,统计计算时,80 年代以前采用 1951—1980 年平均值,80 年代以后采用 1981—2010 年平均值。结果显示(见表 2.8),La Niña 事件结束年副高强度和面积整体表现为偏弱和偏小,尤其是副高强度 13 年全部偏弱,副高面积在 2000 年以前也表现非常一致,2000 年以后有 2 次面积略偏大,这与相关结果一致,但是脊线位置一致性不是很好,13 年中 7 年偏北,仅为一半,西伸脊点总体呈现偏东,13 年中仅有 3 年偏西。El Niño 事件结束年对应副高强度和面积整体表现为偏强和偏大,这种对应关系在 20 世纪 80 年代以后表现非常一致,但是在 80 年代前发生的 5 次 El Niño 事件中,仅有 2 次副高偏强、偏大,其余 3 次副高均偏弱、偏小,这可能是与副高面积和强度在 70 年代末发生突变有一定的关系。但是脊线位置一致性不是很好,13 年中 6 年偏南,西伸脊点总体呈现偏西,13 年中有 8 年偏西,在预测中 ENSO 事件对副高的强度、面积和西伸脊点有较好的指示意义,但是对于脊线指示意义不是很强。

表 2.8 ENSO 事件对应的副高各特征量夏季值

	序号	年	GM(面积)	GQ(强度)	GX(脊线)	GJ(西伸脊点)
	1	1957	−8.4	−12.6	1.1	7.8
	2	1962	−2.1	−4.9	1.4	−9.6
	3	1963	−1.1	−9.9	0.7	0.1
	4	1965	−12.1	−27.2	−1.3	−0.9
	5	1968	−8.1	−20.2	−1.9	18.1
	6	1972	−12.4	−32.2	−0.3	17.4
La Niña	7	1976	−12.8	−28.6	1.7	12.4
结束年	8	1986	−14.1	−29.2	−2.3	20.8
	9	1989	−4.1	−17.9	−2.6	8.1
	10	1996	−0.1	−10.9	−0.6	−11.2
	11	2001	−10.4	−24.6	2.1	2.1
	12	2008	1.6	−8.6	−1.9	3.8
	13	2011	0.6	−3.9	2.7	7.1
	+/−		2/11	0/13	6/7	10/3
	1	1958	−4.8	−10.9	−1.9	8.8
	2	1963	−1.1	−9.9	0.7	0.1
	3	1966	1.2	−1.6	1.1	−10.6
	4	1969	0.9	0.8	−1.3	0.4
	5	1973	−4.8	−19.2	0.4	−0.2
	6	1983	5.2	15.8	−3.9	−12.9
El Niño	7	1988	2.6	5.4	−2.6	−4.6
结束年	8	1992	2.9	11.4	0.7	5.4
	9	1995	10.6	46.8	0.1	−16.2
	10	1998	14.2	35.4	−0.9	−19.6
	11	2003	8.2	28.4	−0.3	−16.2
	12	2007	5.9	12.1	0.1	0.4
	13	2010	14.6	57.4	0.7	−26.2
	+/−		10/3	9/4	7/6	5/8

2.7.1.3 夏季西太平洋副高与长江流域汛期旱涝的关系

为了揭示长江流域汛期旱涝与西太平洋副高变化的关系,首先计算了夏季降水指数与西太平洋副高5个指数的相关系数(见表2.9)。可以看出,长江流域汛期旱涝与夏季副高的面积、强度、脊线和西伸脊点的变化关系非常密切,夏季降水指数与副高面积、强度、脊线和西伸脊点指数的相关系数均通过了95%的置信度检验。其中与面积、强度为显著正相关关系,与脊线和西伸脊点为显著负相关关系,说明副高面积偏大、强度偏强和脊线偏南、西伸脊点偏西时,长江流域汛期降水偏多,反之亦然。与副高脊线位置的相关没有达到较高置信度检验,相关不显著。

表 2.9 夏季降水指数与西太平洋副高特征量之间的相关系数

	面积指数 GM	强度指数 GQ	脊线指数 GX	北界指数 GB	西伸脊点指数 GJ
降水指数	0.33*	0.37*	−0.36*	−0.19	−0.37*

注:* 表示相关显著性通过了 95% 的置信度检验。

表 2.10 表示的是长江流域汛期典型旱涝年相应的各个西太平洋副高指数。相对而言,在选取的 8 个干旱年和 8 个洪涝年中,以脊线指数对应最好,并且以干旱年的关系比较一致,即旱年的副高脊线一致地表现为偏北,但旱涝与其他指数对应关系一致性关系要略差一些。总的来说,当副高强度偏强、面积偏大、脊线偏北、西伸脊点偏东时,长江流域汛期降水容易出现干旱,反之,则出现洪涝的可能性大。进一步分析表 2.10,并结合数据挖掘中的决策树分类方法对整个降水和副高指数序列进行分析,可以发现,干旱年西太平洋副高一般有以下特点:① $GX>24$,且 $13<GM<20$,$GJ>120$,即脊线偏北且面积指数偏小、西伸脊点偏东的年份,是干旱年最典型的副高特征,典型的年份有 1972 年、1978 年、1971 年、1976 年和 1985 年等;② $GM>27$ 且 $100<GJ≤110$,如 2006 年和 1966 年;③1992 年副高面积偏大、脊线偏北、西伸脊点偏东。洪涝年西太平洋副高一般有以下特点:① $GX<24$ 且 $GM>28$ 和 $GJ<110$,即脊线偏南、面积偏大、西伸脊点偏西,是洪涝年最典型的副高特征,典型的年份有 1998 年、1980 年、1993 年和 1983 年;② $GX>24$ 且 $GM<26$,即脊线偏北但面积异常偏小,如 1999 年和 1962 年。以上所列并非完全归纳了所有干旱年和洪涝年相应的副高特征,但是,它们基本代表了典型的或比较特殊的旱涝年夏季副高特征。

表 2.10 典型旱涝年西太平洋副高各指数比较

类型	旱涝年份	面积	强度	脊线	北界	西伸脊点
洪涝年	1998	40.0(−14.2)	86.7(35.4)	23.3(−0.9)	29.7(0.1)	98.3(−19.6)
	1980	28.3(2.6)	63.3(12.1)	22.3(−1.9)	30.3(0.7)	109.7(−8.2)
	1999	12.0(−13.8)	19.7(−31.6)	28.0(3.7)	32.7(3.1)	135.0(17.1)
	1993	32.0(6.2)	68.7(17.4)	22.3(−1.9)	28.3(−1.3)	105.0(−12.9)
	1996	25.7(−0.1)	40.3(10.9)	23.7(−0.6)	28.3(−1.3)	106.7(−11.2)
	1962	23.7(−2.1)	46.3(−4.9)	25.7(1.4)	30.7(1.1)	108.3(−9.6)
	1983	31.0(5.2)	67.0(15.8)	20.3(−3.9)	29.0(−0.6)	105.0(−12.9)
	1969	26.7(0.9)	52.0(0.8)	23.0(−1.3)	29.7(0.1)	118.3(0.4)
	+/−	6/2	5/3	2/6	5/3	2/6

类型	旱涝年份	面积	强度	脊线	北界	西伸脊点
干旱年	1972	13.3(−12.4)	19.0(−32.2)	24.0(−0.3)	29.0(−0.6)	135.3(17.4)
	1978	15.0(−10.8)	22.0(−29.2)	24.7(0.4)	29.7(0.1)	130.0(12.1)
	2006	31.3(5.6)	60.0(8.8)	25.3(1.1)	29.7(0.1)	110.0(−7.9)
	1992	28.7(2.9)	62.7(11.4)	25.0(0.7)	31.7(2.1)	123.3(5.4)
	1966	27.0(1.2)	49.7(−1.6)	25.3(1.1)	30.7(1.1)	107.3(−10.6)
	1971	15.3(−10.4)	29.0(−22.2)	26.7(2.4)	31.3(1.7)	125.7(7.8)
	1976	13.0(−12.8)	22.7(−28.6)	26.0(1.7)	31.3(1.7)	130.3(12.4)
	1985	17.0(−8.8)	25.0(−26.2)	27.0(2.7)	32.0(2.4)	132.0(14.1)
	+/−	3/5	2/6	8/0	7/1	6/2

注:括号内表示相对于 1981—2010 年平均值的距平值。

2.7.1.4 夏季西太平洋副高各指数与长江流域汛期降水空间特征

副高强度与长江流域汛期降水相关较好,为一致的正相关,其中长江中游沿江通过了显著性检验(见图 2.28a)。面积指数与降水的相关场分布与其类似,但是相关系数明显减弱,而且没有通过显著性检验。副高强度与长江流域汛期降水的相关关系具有明显的年代特征,即在 1961—1980 年的长江流域中游大部相关关系达到 0.4 以上(见图 2.28c),而 1981—2010 年的相关系数大部不足 0.2(见图 2.28b)。

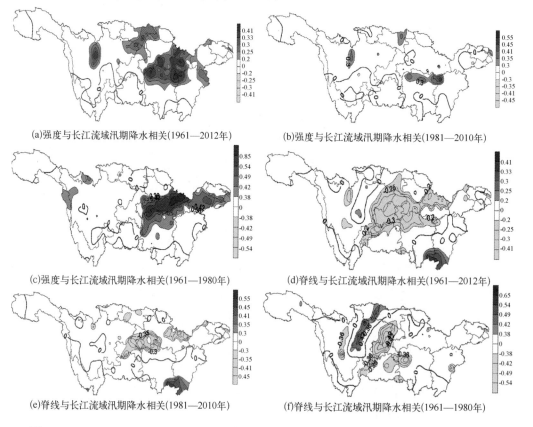

(a)强度与长江流域汛期降水相关(1961—2012年)

(b)强度与长江流域汛期降水相关(1981—2010年)

(c)强度与长江流域汛期降水相关(1961—1980年)

(d)脊线与长江流域汛期降水相关(1961—2012年)

(e)脊线与长江流域汛期降水相关(1981—2010年)

(f)脊线与长江流域汛期降水相关(1961—1980年)

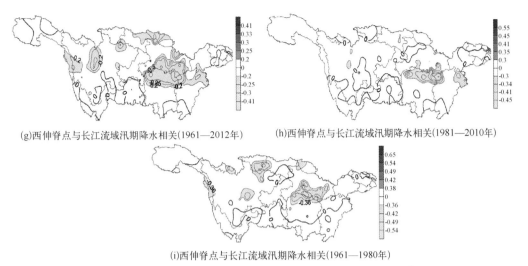

(g)西伸脊点与长江流域汛期降水相关(1961—2012年)　　(h)西伸脊点与长江流域汛期降水相关(1981—2010年)

(i)西伸脊点与长江流域汛期降水相关(1961—1980年)

图 2.28　不同年代副高特征量与长江流域汛期降水相关分布

与副高强度正好相反,副高脊线与长江流域汛期降水大部为负相关,其中沿江干流大部通过显著性检验(见图 2.28d)。而副高脊线位置与长江流域汛期降水的相关年代际关系表现为空间位置偏北,即在 1961—1980 年的长江流域高相关区主要在长江干流及其以南大部,相关系数最大值位于重庆至万州(见图 2.28f),而 1981—2010 年的高相关区明显北抬,高相关区主要位于长江干流及其以北地区,相关系数最大值位于三峡库区(见图 2.28e)。

副高西伸脊点与长江流域汛期降水为负相关,从 1961—2012 年的相关系数分布来看高相关区主要分布在长江中下游地区(见图 2.28g)。年代际相关呈现减弱的趋势,即 1961—1980 年的长江流域高相关区分布在长江中下游大部(见图 2.28i),而 1981—2010 年的高相关区明显减小,主要分布在长江中游沿江地区,并且相关系数也减小(见图 2.28h)。

2.7.1.5　夏季副高分类统计长江流域汛期降水特征

根据前面副高各特征量相关可见,副高面积和副高强度两者呈非常好的正相关关系,也就是说,二者具有很好的一致性。其次是副高面积和副高强度与西伸脊点呈负相关关系,相关系数也达 -0.72,也就是说,副高面积偏大、强度偏强时西伸脊点偏西,反之亦然。副高脊线与副高北界正相关系数为 0.83,与其他特征量相关都不是很明显。

选取副高强度和副高脊线两个特征量进行分类统计长江流域夏季降水特征。其中副高强度距平值>10 为偏强,<-12 为偏弱,介于其间为正常。脊线距平值≥1 为偏北,≤-1 为偏南,介于其间为正常。分类年份见表 2.11,相似合成如图 2.29 所示。

表 2.11　副高强度与副高脊线分类年表

	强度偏强	强度正常	强度偏弱
脊线偏北	1994、2006、1992	1953、1957、1960、1961、1962、1966、1970、2004、2011	1951、1956、1964、1971、1975、1976、1985、1999、2000、2001、2012

（续表）

	强度偏强	强度正常	强度偏弱
脊线接近常年	1995、1998、2003、2005、2007、2009、2010	1963、1979、1981、1991、1996	1952、1954、1955、1959、1967、1972、1973、1978、1984、1990、1997
脊线偏南	1980、1983、1987、1993	1958、1969、1988、2002、2008	1965、1968、1974、1977、1982、1986、1989

　　将副高强度和脊线位置分类进行降水合成发现，在副高脊线位置偏北时，无论副高强度偏强还是偏弱，长江流域大部降水都以偏少为主（见图 2.29a、b、c）。副高强度偏强、脊线位

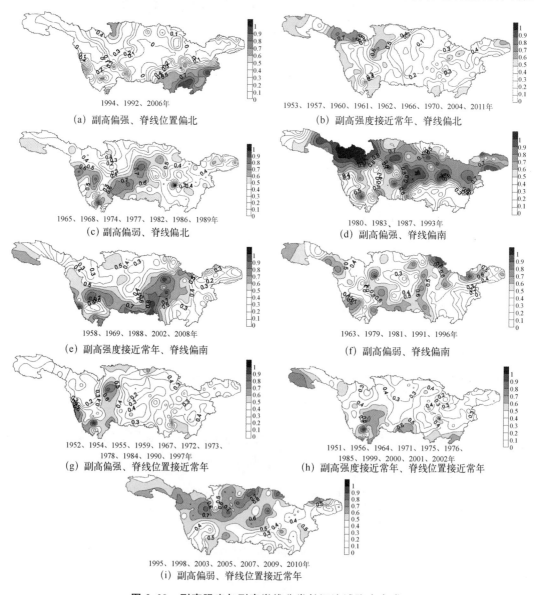

图 2.29　副高强度与副高脊线分类长江流域降水合成

置偏南时长江流域除洞庭湖和鄱阳湖南部降水偏少外,其他大部降水以偏多为主(见图 2.29d)。副高强度正常、脊线偏北时乌江流域、长江上游流域干流区间降水偏多,其他大部偏少(见图 2.29e)。副高强度偏弱、脊线偏北时汉江上游偏多,其他大部偏少(见图 2.29f)。副高脊线位置接近常年时,若强度偏强则上游降水以偏多的概率为主,下游以降水偏少的概率为主(图 2.29g)。副高强度接近常年、脊线位置接近常年时,岷沱江流域、嘉陵江流域和洞庭湖流域降水偏多的概率较高,其他大部以降水偏少为主(图 2.29h);副高强度偏弱、脊线位置接近常年时,岷沱江流域和乌江流域降水偏多的概率较高,其他大部以降水偏少为主(图 2.29i)。进一步将副高偏强、脊线位置接近常年的年份按脊线位置大于 0 和小于 0 分类发现,副高强度偏强、脊线位置偏南时金沙江流域、上游南部及下游北部降水偏多的概率较高(图 3.30a),副高强度偏强、脊线位置偏北时则上游北部降水偏多的概率较高,其他大部以降水偏少的概率为主(图 3.30b)。

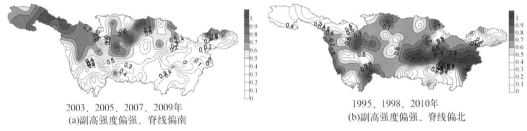

2003、2005、2007、2009年
(a)副高强度偏强、脊线偏南

1995、1998、2010年
(b)副高强度偏强、脊线偏北

图 2.30　副高强度偏强、脊线位置接近常年进一步分类长江流域降水合成

2.7.2　东亚夏季风与长江流域汛期降水的关系

季风指数是衡量季风强弱的一个标准,也是研究季风年际变化所必需的,因此,关于季风指数的定义是目前国际上关于季风研究的一个重要问题。我国处于东亚季风区,东亚季风指数一直倍受人们的重视。长期以来,许多学者都对这一问题进行了深入的研究,并提出了诸多定义。

本研究利用张庆云等(2003)定义的东亚夏季风指数(EASMI)([10°~20°N,100°~150°E]与[25°~35°N,100°~150°E]6—8 月平均 850 hPa 风场的纬向风距平差)来分析其与流域汛期降水的关系。图 2.31 为东亚夏季风指数历史演变曲线图。可以看出,东亚夏季风具有显著的年代际变化,在 20 世纪 70 年代以前为弱夏季风,70—90 年代夏季风转为偏强,90 年代以后呈现年际震荡的特征。

从典型旱涝年对应的东亚夏季风指数来看(见表 2.12),涝年 8 年中有 7 年东亚夏季风偏弱,并且有 4 年是异常偏弱(值小于等于一1),仅有 1 年夏季风指数偏强,而旱年 8 年中 4 年偏强、4 年偏弱,也就是说涝年对应夏季风偏弱,但是旱年夏季风并不一定是偏强的。

图 2.32 是东亚夏季风指数与长江流域汛期降水相关分布结果,由图可见,东亚夏季风与长江流域汛期降水为负相关关系,但是存在着年代际变化特征。1961—1980 年,东亚夏季风与长江中下游流域大部地区、金沙江流域呈现显著的负相关,从岷沱江到乌江流域由北至南存在一个不显著的正相关区(见图 2.32a)。而 1981—2010 年,长江中下游流域大部地

区、金沙江流域的显著负相关区明显减小,仅在沿江地区为通过 95% 置信度检验的相关,而从岷沱江到乌江流域的正相关区也转为了负相关(见图 2.32b)。

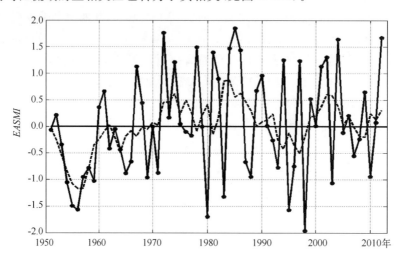

图 2.31　东亚夏季风指数(张庆云,2003)历史演变曲线

(点实线为指数序列、虚线为 5 年滑动平均)

表 2.12　典型旱涝年东亚夏季风指数比较

洪涝年	1998	1980	1999	1993	1996	1962	1983	1969	+/−
	−2.0	−1.7	0.5	−0.8	−0.7	−0.4	−1.3	−1.0	1/7
干旱年	1972	1978	2006	1992	1966	1971	1976	1985	+/−
	1.8	1.5	0.2	−0.3	−0.7	−0.9	−0.1	1.9	4/4

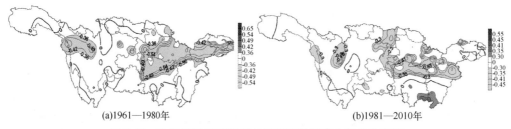

(a)1961—1980年　　　　　　　　　　(b)1981—2010年

图 2.32　东亚夏季风指数与长江流域汛期降水相关分布图

挑选出夏季风指数异常高值年(1985 年、1972 年、2012 年、2004 年、1978 年、1984 年、1986 年、1981 年和 2002 年 9 个年份)和 $EASMI < -1$ 的异常低值年(1980 年、1983 年、1995 年、1998 年和 2003 年),进行汛期降水合成分析,得到图 2.33。结果显示,两者具有显著的差异,降水分布特征完全相反。夏季风异常强年,对应长江流域汛期降水大部偏少,尤其是在长江中下游地区,7 年中只有 1 年降水偏多;夏季风异常弱年,对应长江流域汛期降水大部偏多,洞庭湖流域和鄱阳湖流域南部降水偏少为主。

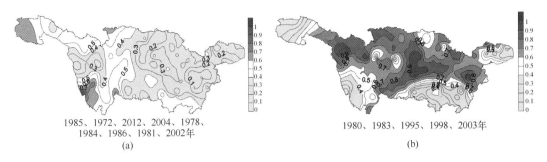

1985、1972、2012、2004、1978、
1984、1986、1981、2002年
(a)

1980、1983、1995、1998、2003年
(b)

图 2.33　夏季风异常强年(a)、异常弱年(b)长江流域汛期降水合成图

2.7.3　阻塞高压与长江流域汛期降水的关系

2.7.3.1　阻塞高压的定义

中纬度 500 hPa 层,阻塞形势特别是东亚阻塞高压是影响长江流域汛期降水、旱涝的主要环流系统之一。张庆云(1998)的研究结果表明:东亚夏季降水环流型及长江中下游地区夏季降水的强弱受乌拉尔山和鄂霍茨克海形势的影响,特别是东亚夏季梅雨期异常的降水与中高纬度阻塞型的建立密切相关。乌拉尔山地区和鄂霍茨克海区域的形势互为显著正相关。经验表明,鄂霍茨克海、贝加尔湖、乌拉尔山这三个地方是阻塞高压发生频次较高的地区,夏季有无阻塞高压建立和维持,对长江流域夏季降水、旱涝影响较大。因此,在这三个地方选择三个关键区:[50°～60°N,120°～150°E]区域代表鄂霍茨克海阻塞高压区,[50°～60°N,80°～110°E]区域代表贝加尔湖阻塞高压区,[40°～50°N,40°～70°E]区域代表乌拉尔山阻塞高压区。根据 500 hPa 月平均图,分别计算各个区历年 500 hPa 高度距平的标准化值,作为各个区历年的阻塞高压指数。阻塞高压指数≥1,表明该区域高度距平异常超过1δ,平均图上有明显的高压脊存在(赵振国,1999)。

2.7.3.2　阻塞高压变化特征

图 2.34 表示的是 1951—2012 年夏季中高纬各区阻塞高压指数逐年变化情况。从图可见,乌拉尔山阻塞高压(简称"乌山阻高")指数(见图 2.34a)和鄂霍茨克海阻塞高压(简称"鄂海阻高")指数(见图 2.34b)的变化具有一致的年代际变化特征。从线性趋势来看,整个时段内鄂海阻高有偏强的变化趋势,这可能与全球变暖有关,另外,鄂海阻高变化也有明显的阶段性特征,20 世纪 50 年代偏强,50 年代末到 70 年代末鄂海阻高偏弱,80 年代到 21 世纪以来鄂海阻高又呈偏强的阶段。乌山阻高(见图 2.34b)与鄂海阻高的年代际变化特征有一定的相似性,20 世纪 50 年代乌山阻高偏强,50 年代末到 70 年代初偏弱,70 年代中期至今乌山阻高年际变化特征比较明显,但是总体处于偏强的阶段。贝加尔湖阻塞高压(简称"贝湖阻高")(见图 2.34c)年代际增强特征非常明显,20 世纪 50 年代至 70 年代处于偏弱阶段,80 年代处于年际变化阶段,90 年代至今处于偏强阶段。

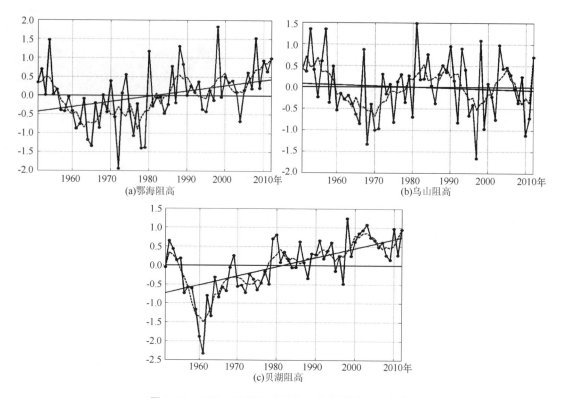

图 2.34　1951—2012 年各区阻塞高压指数距平变化

（点实线为指数序列，实线为线性趋势，虚实线为 5 年滑动平均）

2.7.3.3　阻塞高压与长江流域汛期降水的关系

表 2.13 表示的是长江流域汛期典型旱涝年相应的中高纬各区阻塞高压指数。相对而言，在选取的 8 个干旱年和 8 个洪涝年以鄂海阻高指数对应最好，并且以干旱年的关系比较一致，即旱年的鄂海阻高一致地表现为偏弱，但旱涝与其他指数对应关系的一致性要略差一些。总的来说，当鄂霍茨克海和乌拉尔山有阻塞高压，贝加尔湖阻塞高压不明显时，长江流域降水易偏多，出现洪涝的可能性较大，反之，当鄂海和乌山阻高不明显，贝湖阻高明显时，长江流域汛期易出现干旱。进一步分析涝年可以发现，在鄂霍茨克海或乌拉尔山至少有一个出现阻高时（同时出现 3 年，贝加尔湖出现 2 年，鄂霍茨克海出现 2 年，1962 年均无阻塞高压出现）长江流域降水易偏多；进一步分析旱年可以发现，鄂霍茨克海和乌拉尔山均没有出现阻塞高压的有 5 年，在这 5 年里贝加尔湖出现 2 次阻高，但强度不明显，另外 3 年乌拉尔山均出现阻塞高压，鄂霍茨克海仅出现 1 次阻塞高压。

将鄂海阻高、乌山阻高、贝湖阻高分别与长江流域汛期降水进行相关分析发现，鄂海阻高与长江流域汛期降水在岷沱江流域、嘉陵江流域、洞庭湖流域和鄱阳湖流域南部为负相关，其他大部为正相关，尤其是在 1961—2012 年与长江中下游呈显著正相关，大部通过 0.05 显著性检验，但是存在年代际相关减弱的趋势，在 1981—2010 年的正相关关系明显减弱，甚至部分地区转为负相关（见图 2.35a、b）。

表 2.13　典型旱涝年中高纬阻塞高压比较

类型	旱涝年份	鄂海阻高	乌山阻高	贝湖阻高
洪涝	1998	1.9	1.1	1.1
	1980	1.0	1.0	−0.9
	1999	−0.2	0.1	−0.3
	1993	0.2	0.2	0.6
	1996	−0.1	0.3	−0.1
	1962	−0.9	−0.9	−0.8
	1983	0.4	−0.3	0.4
	1969	0.1	−0.1	−0.7
	+/−	5/3	5/3	3/5
干旱	1972	−1.6	−1.1	0.3
	1978	−1.5	−0.8	−0.8
	2006	0.6	0.4	0.4
	1992	−0.1	0.4	−1.1
	1966	−0.4	−0.8	−0.5
	1971	−0.2	−0.1	−1.0
	1976	−1.2	−0.8	0.0
	1985	−0.4	0.3	−0.2
	+/−	1/7	3/5	3/5

　　乌山阻高与长江流域汛期降水 1961—2012 年的相关分布与鄂海阻高的分布有一定相似之处,主要表现为岷沱江流域、嘉陵江流域为负相关区,长江中下游大部为正相关区,其中岷沱江流域、嘉陵江流域的负相关区和长江中游部分地区的正相关区通过了 0.05 显著性检验,但是长江中下游的正相关关系存在明显的年代际转折,中下游沿江地区由显著的正相关区转为负相关区(见图 2.35c、d)。

　　贝湖阻高与长江流域汛期降水相关分布与乌山阻高的相关分布呈反位相关系,即在岷沱江、嘉陵江、汉江流域上游为显著的正相关关系,长江以南部分地区为显著的负相关关系,并且这种相关关系有着年代际增强的特征,即 1981—2010 年的相关显著区域明显大于 1961—2012 年相关显著区域(见图 2.35e、f)。

　　从鄂霍茨克海、乌拉尔山和贝加尔湖与长江流域汛期降水的相关关系可以看出,鄂霍茨克海与乌拉尔山出现阻高,贝加尔湖为槽区时容易出现岷沱江、嘉陵江流域降水偏少其他大部降水偏多的情况,反之,鄂霍茨克海、乌拉尔山无明显阻塞,而贝加尔湖有阻塞时,岷沱江流域、嘉陵江流域降水偏多其他大部降水偏少。这种降水分布型与长江流域汛期降水 EOF

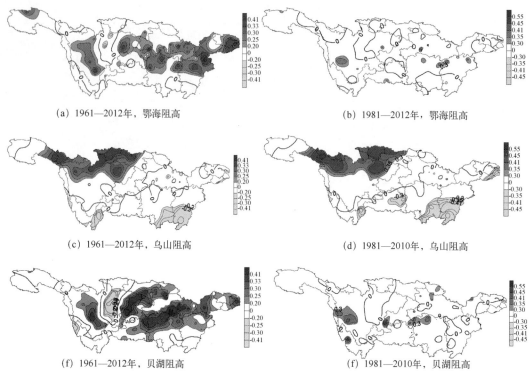

(a) 1961—2012年，鄂海阻高　　　　　　　　(b) 1981—2012年，鄂海阻高

(c) 1961—2012年，乌山阻高　　　　　　　　(d) 1981—2010年，乌山阻高

(f) 1961—2012年，贝湖阻高　　　　　　　　(f) 1981—2010年，贝湖阻高

图 2.35　鄂海(a、b)、乌山(c、d)和贝湖(e、f)阻高分别与长江流域汛期降水相关分布

分型的第一模态空间分布较为一致，也与张庆云(1998)的研究结果一致。也就是说，中高纬度"＋－＋"的经向分布型可能是长江流域汛期降水 EOF 分型的第一模态空间分布型的主要影响因子。

鄂海阻高指数值大于 1 的年份为 1998 年、2008 年、1954 年和 1980 年，为阻高显著年，从降水合成图(见图 2.36a)来看，长江流域降水大部偏多，降水中心在三峡库区。鄂海阻高指数小于－1 的年份为 1972 年、1978 年、1979 年、1976 年和 1965 年，为阻高不显著年，进行降水合成(见图 2.36b)，由合成结果可见，长江流域降水除嘉陵江流域外大部偏少，说明鄂海阻高对长江流域汛期降水具有较好的指示意义。

乌山阻高指数值大于 1 的年份为 1981 年、1989 年、1953 年、2011 年、1988 年、1998 年和 1951 年，进行降水合成(见图 2.36c)，由合成结果可见，岷沱江、嘉陵江流域和长江中游沿江地区降水偏多，其他大部偏少；乌山阻高指数值小于－1 的年份为 1992 年、1971 年和 1968 年，进行降水合成(见图 2.36d)，由合成结果可见，除岷沱江、嘉陵江流域偏多外，其他大部降水偏少。

贝湖阻高指数大于 1 的年份为 2001 年、2002 年、1986 年、2010 年、1998 年、1980 年和 2000 年，进行降水合成(见图 2.36e)，由合成结果可见，长江流域降水大部偏多；贝湖阻高指数小于－1 的年份为 1961 年、1965 年、1960 年、1972 年和 1957 年，进行降水合成(见图 2.36f)，由合成结果可见，长江流域降水大部偏少。

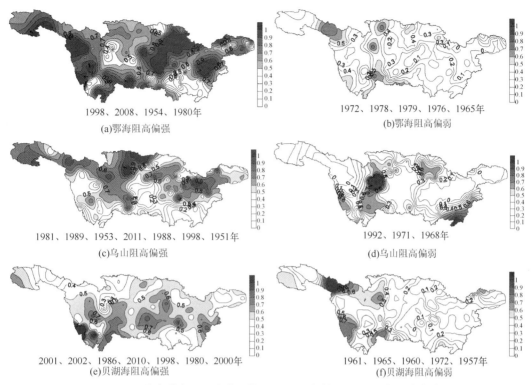

图 2.36　中高纬各区阻塞高压偏强(a、c、e)与偏弱(b、d、f)年降水合成

2.7.3.4　阻塞高压小结

(1)当鄂霍茨克海高压建立并稳定时,亚洲中高纬度及东亚东部地区的距平场易分别形成"＋－＋"的距平波列,东亚地区距平波列的这种分布形势及其相互作用常常造成东亚夏季,特别是梅雨期,降水偏多;反之,当鄂霍茨克海为低值区时,亚洲中高纬度和东亚东部地区的距平场易形成"－＋－"的距平波列。

(2)在长江流域典型旱涝年中,以鄂海阻高指数对应最好,并且以干旱年的关系比较一致,即旱年的鄂海阻高一致表现为偏弱,但旱涝与其他指数对应关系一致性关系要略差一些。总的来说,当鄂海和乌山有阻高,贝湖阻高不明显时长江流域降水容易偏多,出现洪涝的可能性较大,反之,当鄂海和乌山阻高不明显,贝湖阻高明显时长江流域汛期降水容易出现干旱。

2.7.4　东亚副热带西风急流与长江流域汛期降水的关系

2.7.4.1　旱涝年 200 hPa 纬向风特征

东亚副热带西风急流是影响东亚和我国天气气候的重要系统。东亚大气环流的季节转换、夏季风的暴发和我国梅雨的开始和结束与西风急流位置及其南北移动和强度变化有密切的联系。东亚大气环流的"季节突变"现象,其最显著的特征是 200 hPa 附近的高空急流位置的南北跳跃。东亚副热带急流强度和位置的异常对我国夏季降水的多寡有着显著的影响。

利用长江流域汛期降水指数与同期 200 hPa 纬向风场进行相关,从相关系数分布图
2.37 中可以看到,对流层高层风场与长江流域汛期降水有较高的相关,主要相关区从低纬
到高纬呈正负相间的分布:夏季急流轴位置约为 40°N 左右,在急流轴南侧为显著正相关,在
急流轴北侧为显著负相关,且相关系数均达到 0.4 以上,通过 0.05 显著性水平检验。这与
况雪源等(2006)的研究结果较为一致,当急流位置偏南时,40°N 南侧西风增强,40°N 北侧西
风减弱,长江流域汛期降水增多;反之,当急流位置偏北时,长江流域汛期降水减少,即东亚
副热带西风急流位置的变化与长江流域汛期降水有密切联系(况雪源 等,2006)。

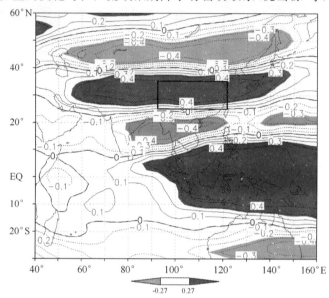

图 2.37　1961—2012 年长江流域汛期降水指数与 200 hPa 纬向风相关分布
(阴影区为相关系数通过 95％置信度检验区域)

图 2.38 为长江流域汛期旱涝年 200 hPa 纬向风场及距平合成图。从图 2.38a、b 可见,
在涝年急流位置偏北,急流位置平均为 39.5°N,急流中心位置偏东,在旱年急流位置偏南,
急流位置平均为 41°N,急流中心位置偏西。从距平的合成图(见图 2.38c、d)上可以看到,在
涝年从高纬到低纬"－＋"的分布,即在 40°N 以南为正距平,而 40°N 以北为负距平,而在
旱年 40°N 以北为正距平,而 40°N 以南为负距平。这也充分说明涝年东亚副热带西风急流
偏南,而旱年则急流轴偏北,这种分布跟长江流域汛期降水指数与同期 200 hPa 纬向风场的
相关分析结果也比较一致。

2.7.4.2　东亚副热带西风急流轴与长江流域汛期降水的关系

根据况雪源等(2006)对东亚副热带西风急流轴线指数(*EAWJ*)的定义,为 200 hPa 等
压面上[70°～120°E,30°～50°N]区域内最大西风所在纬度的平均值,本研究对该平均值进
行标准化。从东亚副热带西风急流轴线指数的年际变化情况来看,20 世纪 60 年代急流多
偏南,70 年代多偏北,80 年代以后多偏南,这与长江流域 20 世纪末多洪涝灾害是相对应
的。急流轴线指数还具有 2.67 年左右的年际振荡周期,这与降水的准 2 年振荡亦较一致,
表明东亚副热带西风急流位置南北变化在年代际及年际尺度上都对长江流域汛期降水有明

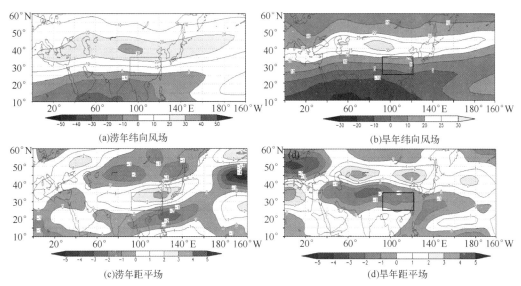

图 2.38 长江流域汛期旱涝年 200 hPa 纬向风(a、b)及距平合成图(c、d)

显的影响。

表 2.14 表示的是长江流域汛期典型旱涝年相应的东亚副热带西风急流轴线指数标准化值,可见,在涝年急流轴偏南(负值),8 年中有 6 年,在旱年急流轴偏北(正值),8 年中有 7 年,即典型旱涝年与东亚急流轴有较好的对应关系。

表 2.14 典型旱涝年东亚副热带西风急流轴线指数标准化值对比

涝年	1998	1980	1999	1993	1996	1962	1983	1969	+/−
	−1.8	−1.1	1.1	−1.7	0.8	−0.7	−1.0	−0.9	2/6
旱年	1972	1978	2006	1992	1966	1971	1976	1985	+/−
	0.8	1.4	2.3	−0.6	0.2	1.8	0.1	0.05	7/1

将东亚副热带西风急流轴线指数与长江流域汛期降水进行相关分析(见图 2.39b),由图可见,东亚副热带西风急流轴线指数与长江流域汛期降水从西至东呈"−+−"的相关分布,岷沱江流域呈正相关,金沙江流域和长江中下游流域呈负相关关系,通过 0.05 显著性检验的区域分布在金沙江上游和三峡库区。挑选急流轴异常偏南和偏北的年份,对长江流域汛期降水进行合成分型,急流轴异常偏北年有 1961 年、1971 年、1975 年、1978 年、1981 年、1984 年、1994年、1999 年、2000 年和 2006 年(10 年),长江流域汛期降水合成有较好的一致性,流域大部呈一致偏少的趋势,且偏少的概率大部在 60% 以上(见图 2.40a);急流轴异常偏南年 1980 年、1982年、1983 年、1987 年、1993 年、1998 年、2003 年、2004 年和 2007 年(9 年),长江流域汛期降水合成大部呈偏多的趋势,且偏多的概率大部在 60% 以上,除金沙江下游、洞庭湖流域南部、鄱阳湖南部以降水偏少为主(见图 2.40b)。东亚副热带西风急流轴线指数较好地反映了急流的南北变化对长江流域汛期降水的影响,当指数偏大时急流偏北,长江流域大部汛期降水偏少,上游局部降水偏多;当指数偏小时急流偏南,长江流域汛期降水大部偏多,上游局部降水偏少。

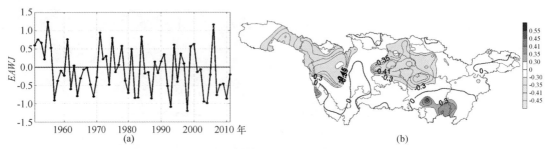

图 2.39　夏季东亚副热带西风急流轴线指数标准化值历史曲线(a)及其与长江流域夏季降水相关(b)

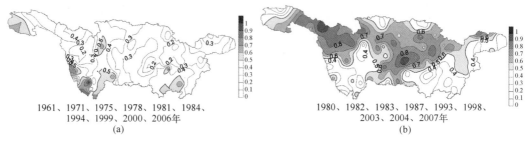

1961、1971、1975、1978、1981、1984、
1994、1999、2000、2006年
(a)

1980、1982、1983、1987、1993、1998、
2003、2004、2007年
(b)

图 2.40　夏季西风急流轴线指数异常偏北年(a)、偏南年(b)降水合成

2.7.4.3　东亚副热带西风急流强度与长江流域汛期降水的关系

根据前面分析可知,东亚急流强度对长江流域汛期降水也有一定的影响,因此,在这里定义东亚急流强度指数($EAWJI$)为标准化的[30°~50°N,70°~120°E]区域平均的 200 hPa 纬向风。图 2.41a 为东亚急流强度指数的逐年变化曲线,可见,东亚高空西风急流的强度存在年代际变化,20 世纪 60 年代和 70 年代主要表现为偏弱,80 年代到 90 年代初期增强,90 年代中期以后存在年代际减弱的特征,这与 Kwon 等(2007)的研究结果是一致的。这种东亚急流强度的减弱可能和我国华南地区降水的显著增强有关。增强的华南降水释放的大量潜热激发向东北方向传播的 Rossby 波列,在东亚地区形成南北向的气旋和反气旋对,导致东亚高空急流强度减弱。此外,东亚高空急流强度的减弱还导致基本气流向急流异常正压能量转换的减弱,进而使得东亚高空急流的年际变率强度减弱(Lu Riyu *et al*,2011)。

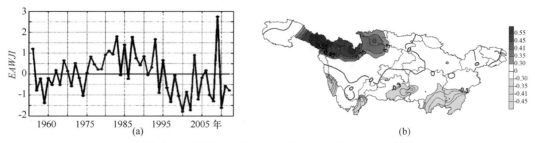

图 2.41　1981—2010 年夏季东亚副热带西风急流强度指数历史曲线(a)及其与长江流域降水相关(b)

表 2.15 表示的是长江流域汛期典型旱涝年相应的东亚副热带西风急流强度指数标准化指数,可见,在涝年急流强度偏强与偏弱各占一半,在旱年急流强度偏强年为 6 年,偏弱年

为 2 年,也就是说,旱涝急流强度易偏强,但是,涝年急流强度没有较好的对应关系。

表 2.15　典型旱涝年东亚副热带西风急流强度指数对比

	1998	1980	1999	1993	1996	1962	1983	1969	+/−
涝年	−0.06	0.91	−1.05	1.66	−0.66	−0.79	1.80	0.65	4/4
	1972	1978	2006	1992	1966	1971	1976	1985	+/−
旱年	0.52	0.22	0.17	0.31	−0.52	−0.59	0.82	1.41	6/2

将东亚急流强度与长江流域汛期降水进行相关,由图 2.41b 可见,金沙江上游流域、岷沱江流域、嘉陵江流域呈正相关,上游长江以南地区和中下游呈负相关关系,其中通过 0.05 显著性检验的区域主要分布在金沙江上游、嘉陵江和岷沱江流域北部的正相关区及洞庭湖流域和鄱阳湖流域南部的负相关区。选急流强度异常偏强(>1)和偏弱(<−1)的年份,对长江流域汛期降水进行合成。急流轴异常偏强年 2009 年、1983 年、1987 年、1993 年、1995 年、1961 年和 1981 年(7 年),由在长江流域汛期降水合成(图 2.42a)可见,在金沙江上游、嘉陵江和岷沱江流域北部的正相关区,降水呈偏多趋势,其他大部以偏少为主;急流轴异常偏弱年有 2000 年、2002 年、2010 年、1964 年、1997 年、2008 年、2004 年、1999 年、1974 年和 2007 年(10 年),在长江流域汛期降水合成(见图 2.42b),上游长江以南地区和洞庭湖流域和鄱阳湖流域南部降水偏多,其他大部降水偏少。可见东亚急流强度与长江流域汛期降水关系较好的区域主要位于金沙江上游、嘉陵江和岷沱江流域北部、洞庭湖流域和鄱阳湖流域南部的高相关区,与长江流域下游地区关系不明显。

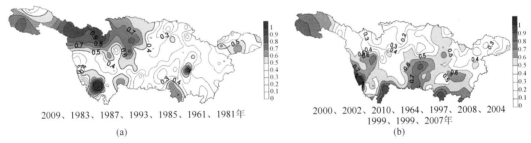

2009、1983、1987、1993、1985、1961、1981年
(a)

2000、2002、2010、1964、1997、2008、2004
1999、1999、2007年
(b)

图 2.42　夏季西风急流强度异常偏强年(a)、偏弱年(b)降水合成

2.7.4.4　东亚副热带西风急流小结

(1)北半球副热带西风急流四季变化中春夏季节变化最为显著,西风急流存在显著的北跳现象,而且在东亚急流中心还存在西移现象。

(2)典型旱涝年与东亚急流位置有一定的对应关系,急流位置异常偏南长江流域降水偏多,急流位置异常偏北长江流域降水偏少。东亚副热带西风急流线轴指数与长江流域汛期降水从西至东呈"−+−"的相关分布,与岷沱江流域呈正相关,与金沙江流域和长江中下游流域呈负相关关系。

(3)典型旱涝年与东亚急流强度有一定的对应关系,旱年急流强度易偏强,但是涝年急流强度没有较好的对应关系。东亚急流强度与金沙江上游、嘉陵江和岷沱江流域北部呈正相关,与洞庭湖流域和鄱阳湖流域南部呈负相关。

2.8 亚澳季风与长江流域汛期降水的关联

季风是盛行风向随季节明显变化的大尺度环流系统,主要分布在东半球的热带、副热带大陆和相邻的海洋地区,其中亚洲季风区和北澳季风区盛行风向随季节转换最为显著,通过南北半球高低层随季节转向的越赤道气流,亚洲季风和北澳季风紧密联系在一起,构成全球最大的季风系统。长江流域位于东亚季风区中的副热带季风区,为东亚夏季风前沿由南向北推进的必经之地,亚澳季风的异常可直接导致长江流域夏季降水的异常。

季风与中国降水关系研究可追溯至 20 世纪 30 年代竺可桢的工作,之后又有了进一步的研究。郭其蕴(1983)分析了东亚季风与中国汛期降水的关系后认为:强东亚夏季风年,黄河以北及东北南部降水偏多,长江以南降水偏少,弱季风年则相反。赵汉光等对夏季风强度与中国夏季雨带类型的关系进行统计分析表明:夏季风弱年,中国南方地区降水偏多的概率大于 60%,而北方地区降水偏少的概率在 70% 以上;夏季风强年,黄河流域及其以北地区降水偏多的概率大都在 60% 以上。晏红明等(2003)的研究表明:弱(强)东亚冬季风年的夏季,长江中下游降水偏多(偏少)。

已有的许多研究中,仅用一个或几个指数综合定量表征季风强度。显然,用一个或几个简单的指数来定量描述复杂的大尺度季风特征是困难的,且北半球的亚洲季风和南半球的北澳季风存在很大的关联,用一个或几个指数综合同时表征两者强度就更加困难。既然季风是盛行风向随季节明显变化的大尺度环流系统,因而直接从相关季风区大尺度高层及低层风场、高低层环流结构差异切入,结合季风系统主要成员的配置及演变,讨论亚澳季风与长江流域汛期降水的关联,目的将更明了,意义更清晰。

2.8.1 亚澳季风与长江流域汛期降水的关系

2.8.1.1 1 月 850 hPa、200 hPa 风场与长江流域汛期降水场的关系

1 月为南半球夏季、北半球冬季。北澳季风区低层盛行西风,高层盛行东风。南亚季风区低层盛行东风,高层盛行西风。东亚季风区低层盛行北风,高层盛行西南风。200 hPa 南亚高压位于菲律宾以东太平洋。

取 1951—2012 年 1 月 850 hPa u 和 v 场组合成左场,对应后期长江流域汛期降水场为右场,首先对两场分别方差标准化,然后进行 SVD 分析。从第 1 左场同质相关图(见图 2.43)和第 1 右场同质相关图(见图 2.44)可以看出,若 1 月东亚大陆边缘北风偏强,阿留申气旋环流异常,蒙古反气旋环流异常,即阿留申低压和蒙古高压强度偏强,也即东亚冬季风偏强,则随之而来的汛期长江流域大部降水偏少,上游局部偏多,反之亦然。

选取 1951—2012 年 1 月 200 hPa u 和 v 场组合成左场,对应后期长江流域汛期降水场为右场,首先对两场分别方差标准化,然后进行 SVD 分析。从第 1 左场同质相关图(见图 2.45)和第 1 右场同质相关图(见图 2.46)可以看出,若 1 月 200 hPa 阿拉伯海—东非沿岸—阿拉伯半岛—印度半岛气旋环流异常,中国东北地区—日本以东西北太平洋气旋环流异常,

西北太平洋反气旋环流异常,则随之而来的汛期长江流域大部降水偏少,上游局部偏多,反之亦然。

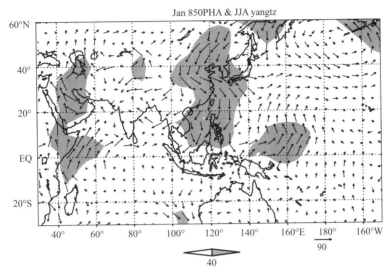

图 2.43　1 月 850 hPa 矢量风场与汛期长江流域降水场第 1 左场同质相关矢量图

（相关矢量扩大 100 倍,阴影表示通过 0.01 显著性检验区域）

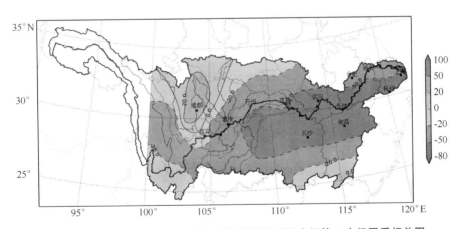

图 2.44　1 月 850 hPa 矢量风场与汛期长江流域降水场第 1 右场同质相关图

（相关系数扩大 100 倍）

南亚高压气候平均态位于 10°N 附近菲律宾以东太平洋,其北侧反气旋环流异常,表明南亚高压位置偏北,随后汛期长江流域大部降水偏少。

值得注意的是:1 月低层东非沿岸和海洋大陆地区是北半球向南半球越赤道气流重要的两条通道,其中海洋大陆地区(约 105°E)是强度最强的通道,且年际变化显著。北半球冬季越赤道气流为高层南风、底层北风,对应于冬季风经向环流的上下层气流。若 1 月海洋大陆地区高层南风异常、底层北风异常,即越赤道气流偏强,也即该局地冬季风经向环流偏强,则随后汛期长江流域大部降水偏少。

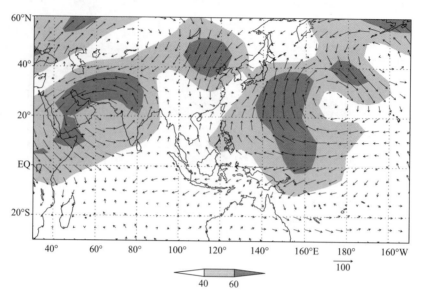

图 2.45　1 月 200 hPa 矢量风场与汛期长江流域降水场第 1 左场同质相关矢量图

（相关矢量扩大 100 倍，阴影表示通过 0.01 显著性检验区域）

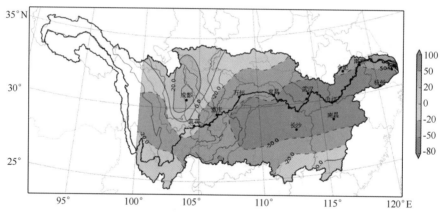

图 2.46　1 月 200 hPa 矢量风场与汛期长江流域降水场第 1 右场同质相关图

（相关系数扩大 100 倍）

2.8.1.2　4 月 850 hPa、200 hPa 风场与长江流域汛期降水场的关系

4 月为季节转换期，850 hPa 印度洋赤道北侧开始出现西风，索马里向北越赤道气流已初步建立，但未与印度洋赤道西风气流连通。索马里越赤道气流平均建立时间为 4 月第 1 候，分别早于南海季风暴发 9 候、印度季风暴发 13 候，是亚洲夏季风暴发的最早信号。华南出现西南风，由于具有副热带性质，可认为是副热带季风。200 hPa 南亚高压向西移至菲律宾附近。

从 4 月 850 hPa 风场与汛期长江流域降水场第 1 左场同质相关图（见图 2.47）和第 1 右场同质相关图（见图 2.48）可以看出，若赤道南侧中东印度洋至北澳季风区东风异常，北太平洋气旋环流异常,即北印度洋赤道西风偏弱,北澳冬季风建立早,西太平洋副热带高压偏弱,则预示汛期长江流域大部降水偏少,上游局部降水偏多。

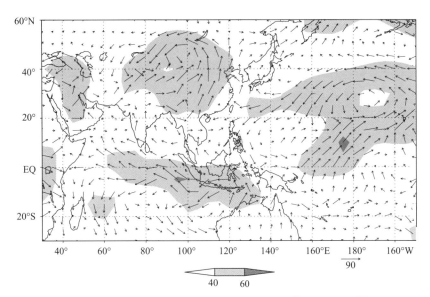

图 2.47　4 月 850 hPa 矢量风场与汛期长江流域降水场第 1 左场同质相关矢量图
(相关矢量扩大 100 倍,阴影表示通过 0.01 显著性检验区域)

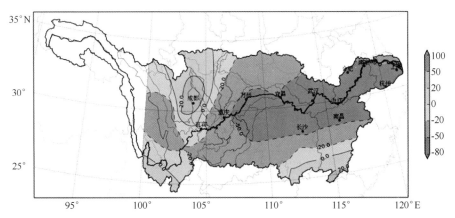

图 2.48　4 月 850 hPa 矢量风场与汛期长江流域降水场第 1 右场同质相关图
(相关系数扩大 100 倍)

从 4 月 200 hPa 矢量风场与汛期长江流域降水场第 1 左场同质相关图(见图 2.49)和第 1 右场同质相关图(见图 2.50)可以看出,若 4 月中国西南—中南半岛—中国东南沿海气旋环流异常,菲律宾以东反气旋环流异常,新几内亚岛以东反气旋环流异常,赤道印度洋西风异常(即赤道印度洋东风偏弱),则预示汛期长江流域大部降水偏少,上游局部降水偏多。

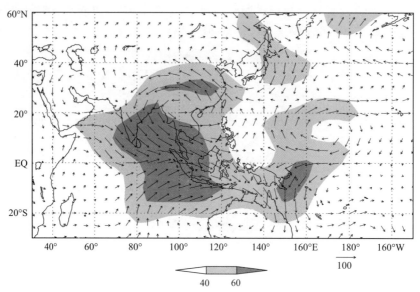

图 2.49　4 月 200 hPa 矢量风场与汛期长江流域降水场第 1 左场同质相关矢量图

（相关矢量扩大 100 倍，阴影表示通过 0.05 显著性检验区域）

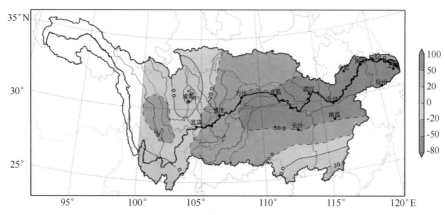

图 2.50　4 月 200 hPa 矢量风场与汛期降水场第 1 右场同质相关图

（相关系数扩大 100 倍）

2.8.1.3　7 月 850 hPa、200 hPa 风场与长江流域汛期降水场的关系

7 月为南半球冬季、北半球夏季。北澳季风区低层盛行东南风，高层盛行东北风，南亚季风区低层盛行西风，高层盛行东风。东亚季风区低层盛行西南风，高层盛行北风。

从 7 月 850 hPa 风场与汛期长江流域降水场 SVD 分析第 1 左场同质相关图（见图 2.51）和第 1 右场同质相关图（见图 2.52）可看出：若东亚中高纬反气旋环流异常，东亚大陆边缘东北风异常，则汛期长江流域降水偏多。反之亦然。气候平均态西南风的范围北伸至东亚大陆 45°N 以北，东北风异常即西南风偏弱，可见东亚副热带季风偏弱、北方冷空气活跃，是汛期长江流域降水偏多的主要原因之一。日本以东气旋环流异常和菲律宾以东反气旋环流异常表明：西太平洋副热带高压位置偏南、偏西，是汛期长江流域降水偏多的另一个主要原因。

另外,亚洲低纬地区东风异常,即南亚季风偏弱,也是汛期长江流域降水偏多的一个原因。

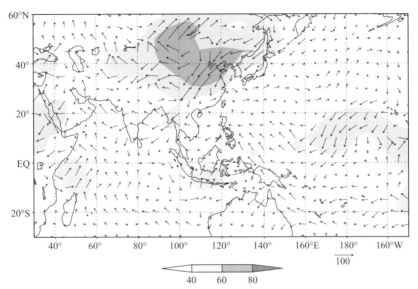

图 2.51　7 月 850 hPa 矢量风场与汛期长江流域降水场第 1 左场同质相关矢量图

(相关矢量扩大 100 倍,阴影表示通过 0.01 显著性检验区域)

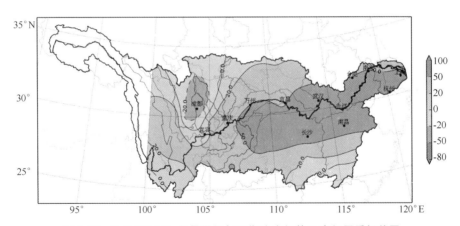

图 2.52　7 月 850 hPa 矢量风场与汛期降水场第 1 右场同质相关图

(相关系数扩大 100 倍)

从 7 月 200 hPa 风场与汛期长江流域降水场 SVD 分析第 1 左场同质相关图(见图 2.53)和第 1 右场同质相关图(见图 2.54)可看出:若赤道东风偏强,赤道南侧西太平洋反气旋环流异常,北印度洋反气旋环流异常,东亚大陆边缘—日本反气旋环流异常,青藏高原南侧气旋环流异常(即南亚高压偏西、偏北),则汛期长江流域大部降水偏少,上游局部降水偏多。反之亦然。南亚高压与西太平洋副热带高压东西位置存在"相背而去"的关系,7 月南亚高压偏西、偏北,对应西太平洋副热带高压位置偏东、偏北,显然有利于汛期长江流域降水偏少。

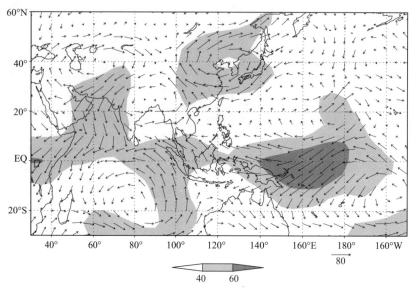

图 2.53　7 月 200 hPa 矢量风场与汛期长江流域降水场第 1 左场同质相关矢量图

（相关矢量扩大 100 倍，阴影表示超过显著性水平 0.01 区域）

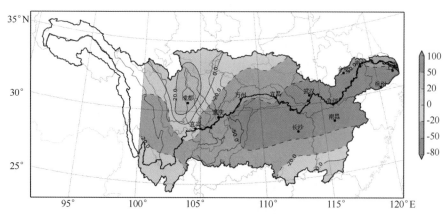

图 2.54　7 月 200 hPa 矢量风场与汛期降水场第 1 右场同质相关图

（相关系数扩大 100 倍）

2.8.2　亚澳季风与长江流域汛期降水的关联小结

（1）若 1 月东亚大陆边缘北风偏强，阿留申气旋环流异常，蒙古反气旋环流异常，即阿留申低压和蒙古高压强度偏强，也即东亚冬季风偏强，则随之而来的汛期长江流域大部降水偏少，上游局部降水偏多。反之亦然。

（2）若 4 月中国西南—中南半岛—中国东南沿海气旋环流异常，菲律宾以东反气旋环流异常，新几内亚岛以东反气旋环流异常，赤道印度洋西风异常（即赤道印度洋东风偏弱），则预示汛期长江流域大部降水偏少，上游局部降水偏多。反之亦然。

（3）若 7 月赤道东风偏强，赤道南侧西太平洋反气旋环流异常，北印度洋反气旋环流异常，东亚大陆边缘—日本反气旋环流异常，青藏高原南侧气旋环流异常（即南亚高压偏西、偏北),则汛期长江流域大部降水偏少,上游局部偏多。反之亦然。

2.9 ENSO 与长江流域汛期降水的关联

ENSO 作为全球海洋和大气相互作用最强的信号,通过影响大气环流,进而影响中国气候。ENSO 与中国汛期降水关系的研究较多,并已有较长的历史。

黄荣辉等(2003)的研究指出:在 El Niño 发展阶段,夏季降水江淮流域偏多,而黄河流域和华北偏少;而在 El Niño 衰减阶段,江淮流域偏少,而长江流域、江南地区偏多。邹力等(1997)的研究表明:El Niño(La Niña)发生后的次年夏季,长江中下游地区易发生洪涝(干旱),而华南地区易发生干旱(洪涝);若 El Niño(La Niña)事件结束得晚,不仅在长江中下游降水偏多(少),且在华北地区易出现干旱(洪涝)。陈文(2002)的研究发现:El Niño 衰亡期的夏季,西太平洋副热带高压偏强,同时影响我国的西南气流偏强,从而江淮地区少雨,华北、东北以及洞庭湖、鄱阳湖地区多雨。高辉等(2007)认为:在 20 世纪 70 年代中期之前,前冬赤道东太平洋海温偏高,夏季降水华北和江南南部易偏多,淮河流域偏少,而前冬赤道东太平洋海温偏低,华北和江南南部易偏少,淮河流域则偏多;但在 20 世纪 70 年代之后,对应关系较难成立。

由于各学者研究年限、资料来源、El Niño/La Niña 事件定义等的不同,研究结果难免存在一定的差异,甚至会有相反的结果。太平洋海表温度、中国降水量观测资料现已积累 60 年,有必要进行梳理和分析,探讨 ENSO 与长江流域汛期主雨带的关联。

2.9.1 El Niño/La Niña 事件与长江流域汛期降水的关系

由于中国汛期降水受多种因素制约,弱 ENSO 信号对其影响容易被掩盖,前期 El Niño 3.4 指数与中国 160 站汛期降水,无论 1951—1974 年还是 1980—2010 年时段,相关并不显著(图略),而中等以上强度 El Niño/La Niña 有可能对中国汛期降水造成明显影响。为了寻找预测线索,我们仅讨论中等及以上强度 El Niño/La Niña 与第二年中国汛期降水的关系,如不特别注明,下文年份均指 El Niño/La Niña 第二年。

2.9.1.1 对应 El Niño 事件的中国汛期降水

1950 年以来,中等或强 El Niño 事件共有 14 次,每次过程都跨了年度,多数始于第一年下半年,结束于第二年上半年,第一年末至第二年初达峰值,与 Trenberth K E(1997)的描述类似。El Niño 事件持续 1 个公历年以上的仅 1 次,没有出现持续 2 个公历年的情况。1987 年 El Niño 事件持续了整个年度,不便认定汛期所处的阶段,其他年的汛期均处于 El Niño 衰减或 La Niña 发展阶段。

图 2.55 给出 1980—2010 年时段 9 个 El Niño 年中国大陆 6—8 月降水距平百分率。1951 年以来,14 个 El Niño 年黄河—长江流域范围内汛期都出现了明显的多雨带(大部偏多 2 成以上,中心偏多 5 成以上),并一般呈纬向分布,但中心位置在长江仅 4 年,其余 10 年均在长江以北。11 个中等强度 El Niño 年中,位置在长江仅 2 年。主雨带在长江的 4 年中,El Niño 结束时间均在 5 或 6 月,或更晚(1987 年),因此,El Niño 结束时间偏晚可能是主雨

带在长江的必要条件,但在 6 月(1958 年)和 7 月(1992 年)结束 El Niño 年,主雨带仍可能在长江以北,可见 El Niño 结束时间晚并不是主雨带在长江的充分条件。在长江以北的 10 年中,仅 1958 年和 1992 年偏晚,其他 8 年均在 5 月或以前结束 El Niño。强 El Niño 事件共有 3 年,1983 年和 1998 年主雨带位于长江,1973 年 El Niño 在 3 月结束,主雨带位于黄河,因而强 El Niño 事件且结束晚可能是主雨带在长江的充分条件(见表 2.16)。

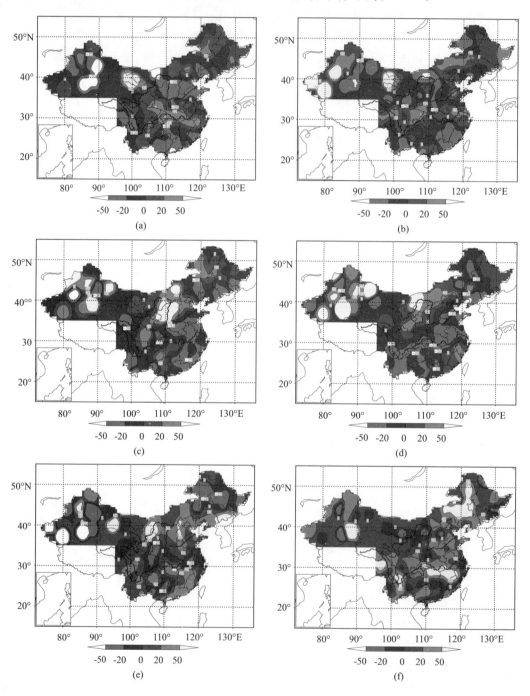

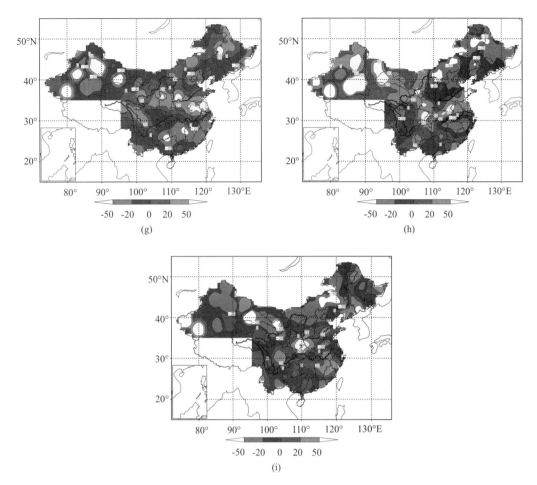

图 2.55　1983 年(a)、1987 年(b)、1988 年(c)、1992 年(d)、1995 年(e)、1998 年(f)、2003 年(g)、
2007 年(h)、2010 年(i)年 6—8 月降水距平百分率(％)

表 2.16　El Niño 及对应汛期副高特征、中国主雨带位置

事件年	ONI 峰值	强度级别	结束时间	副高强度距平	副高脊线位置距平	副高西伸脊点距平	主雨带位置
1957/1958	1.7	中	6 月	−1	−2	5	黄河
1963/1964	1.0	中	1 月	−18	2	−13	黄河
1965/1966	1.6	中	4 月	8	1	−14	黄河中游
1968/1969	1.0	中	6 月	11	−1	−3	长江
1972/1973	2.1	强	3 月	−9	0	−4	黄河
1982/1983	2.3	强	6 月	26	−4	−17	长江
1986/1987	1.3	中	—	25	−1	−13	长江

事件年	ONI峰值	强度级别	结束时间	副高强度距平	副高脊线位置距平	副高西伸脊点距平	主雨带位置
1987/1988	1.6	中	2月	15	−3	−8	黄河
1991/1992	1.8	中	7月	21	1	2	黄河上中游
1994/1995	1.3	中	3月	57	0	−15	黄河
1997/1998	2.5	强	5月	45	−1	−13	长江
2002/2003	1.5	中	3月	38	0	−20	黄河与长江之间
2006/2007	1.1	中	1月	22	0	−3	黄河与长江之间
2009/2010	1.8	中	5月	68	1	−30	黄河与长江之间

2.9.1.2 对应 La Niña 事件的长江流域汛期降水

为了寻找预测线索,我们仅讨论持续至第二年春季(3—5月)结束的 La Niña 事件。1950年以来,中等或强 La Niña 事件共有12次,由于1964/1965年 La Niña 事件在1965年1月结束,不在我们讨论范围,符合条件的有11年(见表2.17)。与 El Niño 类似,每次过程都跨了年度,多数始于第一年下半年,结束于第二年上半年,第一年末至第二年初达峰值。但 La Niña 比 El Niño 事件持续时间长、距平峰值绝对值小,显得温和、平缓一些。1950年、1971年和1999年过程持续1整个公历年以上,1954—1957年、1973—1976年过程持续2整个公历年以上,跨越4个年度。除了这些年外,其他年份的汛期均处于 La Niña 衰减或 El Niño 发展阶段。

与 El Niño 有所不同,这11年中,有4年(1951年、1955年、1974年和1985年)黄河—长江流域范围内并无明显的多雨带,多雨带位置在长江的仅1999年(图略)。尽管 El Niño 和 La Niña 事件长江流域都出现过多雨,但长江流域多雨对应 El Niño 明显多于 La Niña 事件(见表2.17)。

表 2.17 La Niña 及对应汛期副高特征、中国主雨带位置

事件年	ONI峰值	强度级别	结束时间	副高强度距平	副高脊线位置距平	副高西伸脊点距平	主雨带位置
1950/1951	−1.0	中	3月	−16	1	3	东北
1954/1955	−1.2	中	—	−19	1	6	长江局部、华南
1955/1956	−2.0	强	—	−26	1	−5	长江以北、黄河中下游
1970/1971	−1.3	中	—	−12	2	4	黄河下游
1973/1974	−2.1	强	—	−31	−2	19	东北
1975/1976	−1.7	中	5月	−19	2	8	黄河及以北
1984/1985	−1.1	中	9月	−16	3	10	东北

事件年	ONI 峰值	强度级别	结束时间	副高强度距平	副高脊线位置距平	副高西伸脊点距平	主雨带位置
1988/1989	−1.9	中	5 月	−8	−3	4	长江与黄河之间
1998/1999	−1.4	中	—	−22	4	13	长江及以南
1999/2000	−1.6	中	6 月	−26	3	11	长江与黄河之间
2007/2008	−1.4	中	5 月	1	−2	0	长江中游
2010/2011	−1.5	中	4 月	—	—	—	长江下游
2011/2012	−1.0	中	3 月	—	—	—	黄河及以北

2.9.2 大气环流对 ENSO 的响应

El Niño 和 La Niña 事件作为热带太平洋 ENSO 循环中两个极端位相,虽然多数在翌年夏季前结束,不能直接影响长江流域汛期降水,但由于大气对海洋热力变化响应的滞后,事件结束后,仍可影响大气环流,进而影响长江流域汛期降水。因此,讨论亚洲大气环流对 El Niño 和 La Niña 事件的响应。

在 20 世纪 70 年代中期前后,海洋和大气发生了显著年代际气候突变,海洋方面太平洋年代际振荡(PDO)在 70 年代末以后主要表现为海温北太平洋中部负距平,印度洋、赤道东太平洋、北大西洋热带到整个南大西洋为正距平,大气方面 80 年代开始东亚夏季风和冬季西伯利亚高压出现明显减弱(王绍武 等,2001),西太平洋副高明显偏强(龚道溢 等,2002)。对应这前后两个时段,亚洲大气环流、副高对 ENSO 的响应有没有变化?

2.9.2.1 亚洲大气环流对 ENSO 的响应

为了识别 20 世纪 70 年代中期气候突变前后的差异,分别计算了 1951—1974 年和 1980—2009 年两个时段前期 1 月 El Niño 3.4 指数、1 月减 6 月 El Niño 3.4 指数与 6—8 月平均 200 hPa、850 hPa 风场的相关矢量。前期 1 月 El Niño 3.4 指数、1 月减 6 月 El Niño 3.4 指数与 6—8 月平均 200 hPa、850 hPa 风场的相关矢量,揭示的异常环流大致相同,对于 200 hPa 风场,1 月 El Niño 3.4 指数与 1 月减 6 月 El Niño 3.4 指数相关显著性接近,对于 850 hPa 风场,1 月减 6 月 El Niño 3.4 指数相关更显著。1 月减 6 月 El Niño 3.4 指数表征 El Niño 衰减(或 La Niña 发展)的幅度。

200 hPa 对衰减 El Niño(或发展 La Niña)响应,1951—1974 年,中纬度 80°E 以西反气旋异常环流,以东气旋异常环流(见图 2.56a),1980—2009 年,东亚 30°~50°N 气旋异常环流,东亚大陆东南边缘反气旋异常环流,表明南亚高压明显偏东(见图 2.57a、b)。南亚高压与副高东西位置存在"相向而行"的关系,南亚高压偏东对应副高位置偏西。对衰减的 La Niña 响应,正好相反。

850 hPa 对衰减 El Niño(或发展 La Niña)响应,1951—1974 年,索马里向北越赤道气流增强,海洋大陆向北越赤道气流减弱,孟加拉湾、中南半岛、南海地区季风减弱,副高在菲律

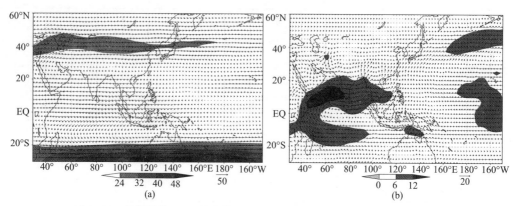

图 2.56　气候平均 6—8 月平均 200 hPa 风场（a）和 850hPa 风场（b）（m/s）

宾以东增强，增强范围呈西南—东北带状（见图 2.56b、图 2.57c）。1980—2009 年，响应发生较大变化：相关超过显著性水平范围明显变大，索马里越赤道气流由增强变为不明显，印度季风、南海季风减弱的程度、范围均变大，西北太平洋南北排列一对东西带状反气旋、气旋异常环流，较 1951—1974 年显著增强，反气旋异常环流西侧的黄河下游以南副热带季风变为显著增强，北面弱的西北风异常，使得黄河中下游及以南形成异常环流辐合带（见图 2.57d）。值得注意的是：对衰减 El Niño（或发展 La Niña）响应，亚洲夏季风并不是全体减弱，而是部分区域（黄河下游以南）副热带季风增强（西南风异常），黄河下游以北的副热带季风减弱（北风异常），由此造成异常环流辐合。

20 世纪 80 年代以来，年初至夏季 El Niño 明显衰减年（1983 年、1988 年、1992 年、1995 年、1998 年、2003 年、2007 年和 2010 年）6—8 月 850 hPa 距平风场合成图也表明：中国黄海—日本以东太平洋为明显气旋环流异常，黄河中下游及以南为明显东北—西西南风切变异常（见图 2.58）。由此可见，亚洲夏季风对衰减的 El Niño（或发展的 La Niña）响应有利于长江流域汛期出现明显多雨带。如果认为 ENSO 主要通过影响大气环流，进而影响降水，那么，20 世纪 70 年代中期后由 El Niño 导致的主要降水正异常区域最有可能出现在黄河中下游及以南这一西南—东北带状区域。对衰减的 La Niña 响应，正好相反。

经典认识为，"El Niño 年赤道偏东信风减弱，赤道西风加强，Walker 环流变弱。La Niña 年赤道偏东信风加大，赤道西风减弱，Walker 环流加强"。20 世纪 70 年代中期后，在亚洲和西、中太平洋范围内更细化为：衰减的 El Niño 夏季，亚洲热带季风区东风异常，热带季风减弱，黄河下游以南副热带季风增强。对衰减的 La Niña 夏季，正好大致相反。

尽管 1980—2009 年有 30 个统计样本，多于 1951—1974 年（统计样本 24），但 200 hPa 和 850 hPa 相关矢量的模 1980—2009 年明显大于 1951—1974 年，表明气候突变后大气环流对 ENSO 的响应更为敏感。

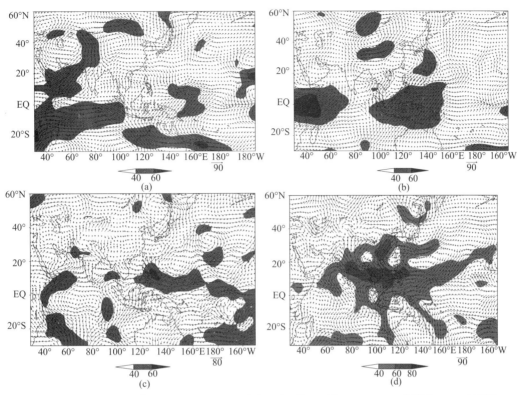

图 2.57　1951—1974 年(a,c)、1980—2009 年(b,d)1 月—6 月 El Niño 3.4 指数与 6—8 月平均
200 hPa(a,b)、850 hPa(c,d)风场相关矢量

（相关矢量扩大 100 倍，阴影表示通过 0.05 显著性检验区域）

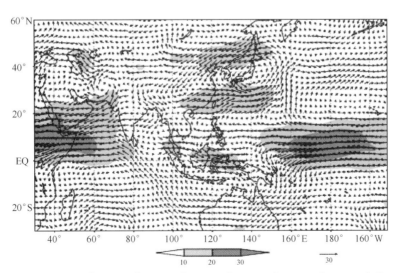

图 2.58　1983 年、1988 年、1992 年、1995 年、1998 年、2003 年、2007 年和
2010 年 6—8 月 850 hPa 距平风场合成(m/s)

（数值扩大 10 倍标注，阴影区风速距平≥1 m/s）

2.9.2.2 副高对 ENSO 的响应

从表 2.16、表 2.17 可见,1951—1974 年,副高强度对衰减的 El Niño 年响应不明显,5 年中仅 2 年为正距平(偏强),3 年为负距平(偏弱),其中还包括强 El Niño 对应的 1973 年。强度对应 La Niña 年一致偏弱。1980—2010 年,强度对应 El Niño 年一致偏强,对应 La Niña 年依然明显减弱。1951—1974 年与 1980—2010 年,西伸脊点对 ENSO 的响应区别不大。1951—1974 年,脊线位置对应 El Niño 年响应不明显,5 年中 2 年为负距平(偏南),2 年正为距平(偏北),强 El Niño 对应的 1973 年为 0 距平(接近常年),1980—2010 年对应 El Niño 年偏南比 1951—1974 年明显,La Niña 年偏北的响应维持不变。

总而言之,副高对衰减的 El Niño 响应 1980—2010 年比 1951—1974 年更明显,对 La Niña 响应稳定维持。与 20 世纪 70 年代中期后亚洲高、低层大气环流对 ENSO 的响应敏感变化一致。

2.9.2.3 长江流域汛期降水对 ENSO 的响应

长江流域汛期降水量多寡主要取决于强降水过程(暴雨)的强度、次数和持续时间。长江流域汛期特大暴雨或连续性暴雨,往往发生在西伸副高北部的副热带锋区,而副高与 El Niño 和 La Niña 事件关系密切。El Niño 和 La Niña 事件与汛期副高强度、西伸脊点关系密切,与脊线位置次之。El Niño 年绝大多数汛期副高偏强,西伸脊点偏西,多数脊线位置偏南,有利于副高主体偏强,位置偏南和西伸,为暴雨的发生提供了大尺度环流背景。而 La Niña 年绝大多数汛期副高偏弱,西伸脊点偏东,多数脊线位置偏北,有利于副高主体偏弱,位置偏北和偏东,不易建立暴雨发生的大尺度环流。因而,El Niño 事件有利于黄河—长江流域间夏季出现明显多雨带,La Niña 年不利于黄河—长江流域间汛期形成多雨带。

事实上,1980—2010 年出现的 9 个 El Niño 年中,4 年(1987 年、2003 年、2007 年和 2010 年)汛期明显多雨带出现在黄河中下游及以南,3 年(1988 年、1992 年和 1995 年)偏北,其余 2 年(1983、1998)偏南。多雨带出现在偏北或偏南的 5 年,可以认为是受其他因子影响而造成了偏离。

1951—1974 年,5 个 El Niño 年中仅 1 年在长江流域出现多雨带,出现频率 0.2,其余 4 年均在黄河流域;1980—2010 年,9 个 El Niño 年中 3 年(1983 年、1987 年和 1998 年)在长江流域,出现频率 0.33,3 年在黄河流域,3 年在黄河—长江流域间。1951—1974 年,5 年 La Niña 中 3 年无明显多雨带,1980—2010 年,5 年 La Niña 中都有明显多雨带,只是其中的 1 年(1985 年)出现在东北,黄河—长江流域间无明显多雨带(见图略)。

综上所述,El Niño 年 1980—2010 年较 1951—1974 年长江流域汛期多雨带位置明显南移,与亚洲大气环流对 ENSO 响应的变化一致,也与副高对 El Niño 响应的变化相一致,显然与后段时间 El Niño 事件比前段时间明显偏强有关。La Niña 年 1980—2010 年较 1951—1974 年长江流域汛期多雨带出现频次明显增大。

2.9.3 ENSO 与长江流域汛期降水的关联小结

尽管 ENSO 仅是预测中国汛期降水的主要因子之一,但由于同期副高与长江流域汛期降水强度及分布的关系极其密切,其位置和强度异常直接影响长江流域旱涝的分布,20 世纪 70 年代中期后,汛期副高与前期 El Niño 和 La Niña 事件关系更加密切,El Niño 和 La Niña 事件周期一般在半年以上,为我们利用前期冬、春季 ENSO 状况预测汛期降水提供了可能。归纳以上,预测思路为:前期冬—春季中等或强 El Niño→汛期副高偏强、偏西、偏南→中国汛期出现明显多雨带,位置偏南(如 El Niño 结束晚,则在长江流域);前期冬—春季中等或强 La Niña→汛期副高偏弱、偏东、偏北→长江流域汛期多雨带位置偏北。

对 ENSO 的响应,无论高、底层大气环流,还是副高,20 世纪 70 年代中期后变得更为敏感。主要表现在:对衰减 El Niño 的响应,汛期南亚高压偏东,副高偏强、偏西、偏南,印度季风、南海季风减弱,黄河下游以南副热带季风增强,黄河中下游及以南形成异常环流辐合带,由 El Niño 导致的降水正异常最有可能出现在这一西南—东北带状区域。1951 年后的观测事实表明:中等或强 El Niño 事件后,汛期黄河—长江流域范围内都会出现明显的多雨带。其中,1980—2010 年出现的 9 个中等以上 El Niño 年中,4 年多雨带出现在黄河中下游及以南,中等或强 La Niña 的 11 年中,有 4 年黄河—长江流域范围内无明显的多雨带。

前期中等或强 El Niño 时,中国汛期主雨带明显,最大可能出现在黄河中下游及以南。前期中等或强 La Niña 时,中国汛期主雨带位置偏北。

这种 20 世纪 70 年代中期前后的变化,应与 PDO 由冷位相转为暖位相有关。由于 PDO 调制作用,造成 ENSO 与长江流域汛期降水关系的变化。

第**3**章 蓄水期气候特征及环流分析

3.1 蓄水期气温空间分布特征

1981—2010 年蓄水期长江流域平均气温为 16.6 ℃,其中金沙江流域 13.3 ℃,岷沱江流域 15.2 ℃,嘉陵江流域 16.5 ℃,乌江流域 15.4 ℃,宜宾—重庆流域 17.6 ℃,重庆—宜昌流域 17.9 ℃,长江中下游流域 17.3 ℃。

蓄水期长江流域年平均气温有两个大于 18 ℃的高温带,一个是长江中下游湖北武汉到湖南洪江一线以东大部地区,另一个是金沙江下游及长江上游干流河谷地区。平均气温从这两个高温带向西北逐渐降低,上游流域温度梯度明显大于中下游流域。流域平均气温最高值出现在江西于都(20.8 ℃),最低值出现在四川西北部石渠(—0.7 ℃)(见图 3.1)。

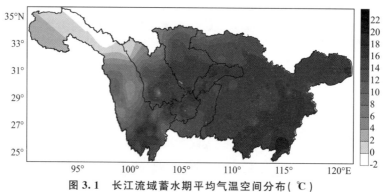

图 3.1 长江流域蓄水期平均气温空间分布(℃)

3.2 蓄水期降水时空分布特征

3.2.1 降水空间分布特征

1981—2010 年蓄水期长江流域平均降水量为 221.3 mm,其中金沙江流域 206.5 mm,岷沱江流域 199.3 mm,嘉陵江流域 234.3 mm,乌江流域 232.6 mm,宜宾—重庆流域 220.8 mm,重庆—宜昌流域 266.5 mm,长江中下游流域 222.1 mm。

蓄水期平均降水量空间分布相对比较均匀(见图 3.2),其中嘉陵江东南部、三峡区间、乌江东北部及以东地区和金沙江下游降水量在 250～350 mm,金沙江中上游大部和岷沱江、嘉陵江上游部分地区降水量小于 150 mm,其他大多在 150～250 mm。流域内最大平均降水量出现在湖南南岳(421 mm),最小平均降水量出现在四川西部的乡城(87 mm)。

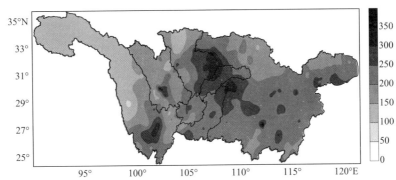

图 3.2　长江流域蓄水期平均降水量空间分布(mm)

3.2.2　暴雨日数空间分布特征

1981—2010 年蓄水期长江流域平均暴雨日数为 0.4 d,其中金沙江流域 0.2 d,岷沱江流域 0.2 d,嘉陵江流域 0.5 d,乌江流域 0.3 d,宜宾—重庆流域 0.2 d,重庆—宜昌流域 0.5 d,长江中下游流域 0.5 d。

蓄水期流域内有 3 个平均暴雨日数在 0.6 d 以上的暴雨中心,分别是以米易为中心的金沙江下游暴雨区;以镇巴、开县、鹤峰为中心的大巴山暴雨区;以南岳、庐山、黄山为中心的暴雨区(见图 3.3)。流域内最大平均暴雨日数出现在湖南南岳(1.1 d)。

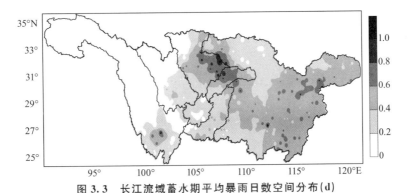

图 3.3　长江流域蓄水期平均暴雨日数空间分布(d)

3.2.3　各流域降水量年代际特征

长江流域:平均降水量为 229.3 mm,最多为 311.3 mm(1983 年),最少为 148.3(1992 年)(见表 3.1)。近 52 年,降水量呈明显减小趋势,减小速率为 9.7 mm/10a,2001—2010 年是降水量最小的时期,其次是 20 世纪 90 年代,80 年代是降水量最大的时期(见图 3.4);1991 年降水量出现减少的突变;降水量振荡的主要周期是 6 年。

长江上游流域:平均降水量为 233.6 mm,最多为 300.5 mm(1982 年),最少 164.4 mm(2002 年)。近 52 年,降水量呈明显减小趋势,减小速率为 10.3 mm/10a,20 世纪 60 年代是降水量最多的时期,2001—2010 年是降水量最少的时期(见图 3.5);1984 年降水量出现减小的突变;降水量振荡的主要周期是 6 年。

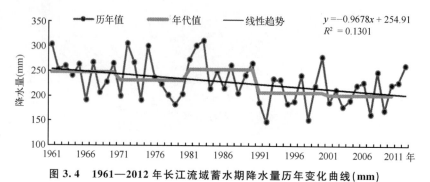

图 3.4   1961—2012 年长江流域蓄水期降水量历年变化曲线(mm)

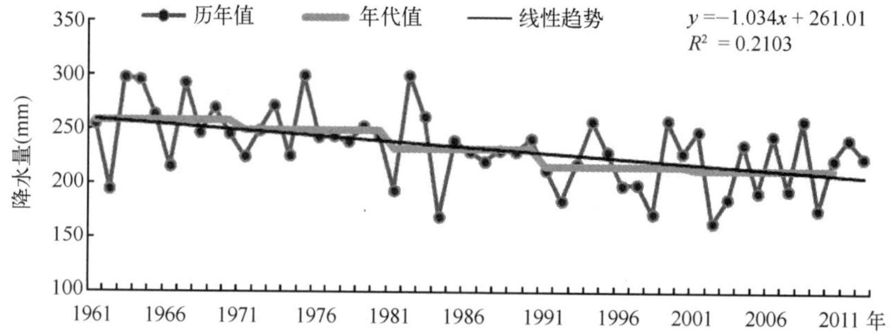

图 3.5   1961—2012 年长江上游流域蓄水期降水量历年变化曲线(mm)

表 3.1   1961—2012 年蓄水期长江流域降水量特征值(mm)

流域名称	平均降水量	最大年降水量		最小年降水量	
		年　份	降水量	年　份	降水量
全流域	229.3	1983	311.3	1992	148.3
上游流域	233.6	1982	300.5	2002	164.4

长江上游六大子流域:1961—2012 年蓄水期降水量均呈减少趋势,嘉陵江流域减少趋势最明显(15.1 mm/10a)(见图 3.6~图 3.11),相关特征值见表 3.2。

长江中下游:平均降水量为 226.3 mm,最多为 344.7 mm(1983 年),最少为 124.2 mm(1992 年),近 52 年,降水量呈减少趋势,1991 年降水量出现减少的突变(见图 3.12)。

表 3.2   1961—2012 年长江流域蓄水期降水量特征值

	金沙江	岷沱江	嘉陵江	乌江	宜宾—重庆	重庆—宜昌	中下游
平均降水量(mm)	209.0	211.5	256.9	249.3	239.1	284.8	226.3
最大降水量(mm)	293.1	320.8	414.7	412.4	362.5	439.8	344.7
最大年份	1965	1975	1975	1972	1969	1972	1983

（续表）

	金沙江	岷沱江	嘉陵江	乌江	宜宾—重庆	重庆—宜昌	中下游
最小降水量（mm）	118.4	110.1	134.0	146.5	145.0	176.7	124.2
最小年份	2009	1984	1997	2002	1984	1998	1992
变化趋势	减小	减小**	减小**	减小***	减小**	减小*	减小*
正突变年	1986	—	1999	—	—	—	1981
负突变年	1996	1983	1984、1989	1984	1977	—	1991
主/次周期（a）	13/—	12/—	5/—	6/—	3/6	4/—	14/—

注：*** 表示通过 0.01 的显著性检验，** 表示通过 0.05 的显著性检验，* 表示通过 0.1 的显著性检验，无 * 表示没有通过显著性检验。

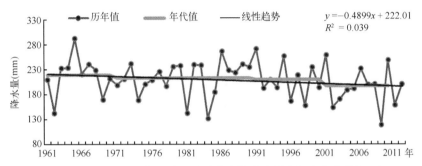

图 3.6 1961—2012 年金沙江流域蓄水期降水量历年变化曲线（mm）

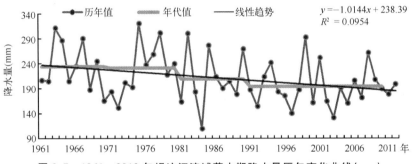

图 3.7 1961—2012 年岷沱江流域蓄水期降水量历年变化曲线（mm）

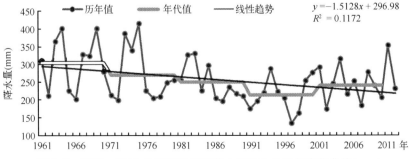

图 3.8 1961—2012 年嘉陵江流域蓄水期降水量历年变化曲线（mm）

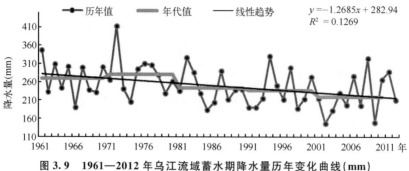

图 3.9　1961—2012 年乌江流域蓄水期降水量历年变化曲线（mm）

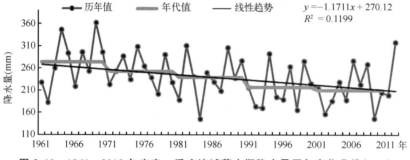

图 3.10　1961—2012 年宜宾—重庆流域蓄水期降水量历年变化曲线（mm）

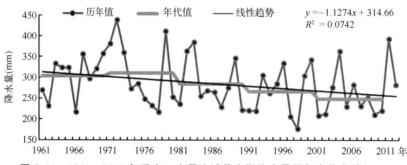

图 3.11　1961—2012 年重庆—宜昌流域蓄水期降水量历年变化曲线（mm）

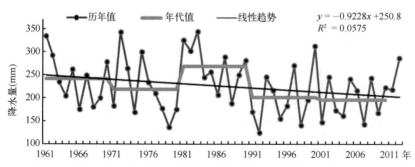

图 3.12　961—2012 年长江中下游流域蓄水期降水量历年变化曲线（mm）

3.2.4 各流域暴雨日数年代际特征

长江流域:平均暴雨日数为 0.4 d,最大为 0.8 d(1983 年),最小为 0.2 d(1992 年)(见表 3.3)。近 52 年,暴雨日数呈减小趋势,减小速率为 0.09d/100a,20 世纪 80 年代是暴雨日数最多的时期,90 年代是暴雨日数最少的时期(见图 3.13);1991 年暴雨日数发生了减少的突变;暴雨日数振荡的主要周期是 14 年,其次是 2 年。

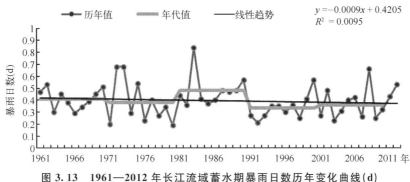

图 3.13 1961—2012 年长江流域蓄水期暴雨日数历年变化曲线(d)

表 3.3 1961—2012 年长江流域蓄水期暴雨日数特征值(d)

流域名称	平均暴雨日数	最大暴雨日数		最小暴雨日数	
		年份	暴雨日数	年份	暴雨日数
全流域	0.40	1983	0.84	1992	0.19
上游流域	0.34	1964	0.60	1992	0.16

长江上游流域:平均暴雨日数为 0.3 d,最大为 0.6 d(1964 年),最小为 0.2 d(1992 年)。近 52 年,暴雨日数呈减小趋势,减小速率为 0.1d/100a,20 世纪 60 年代是暴雨日数最多的时期,90 年代是暴雨日数最少的时期(见图 3.14);1976 年、1984 年暴雨日数发生了减少的突变,1994 年和 1999 年暴雨日数发生了增加的突变;暴雨日数振荡的主要周期是 5 年。

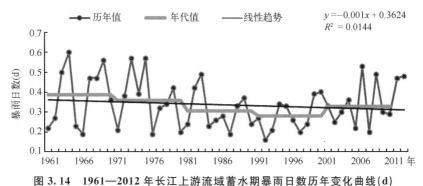

图 3.14 1961—2012 年长江上游流域蓄水期暴雨日数历年变化曲线(d)

长江上游六大子流域和长江中下游蓄水期暴雨日数相关特征值见图 3.15~图 3.21 和表 3.4。

表 3.4　1961—2012 年长江流域蓄水期暴雨日数特征值及变化情况

	金沙江	岷沱江	嘉陵江	乌江	宜宾—重庆	重庆—宜昌	中下游
平均日数（d）	0.22	0.25	0.54	0.37	0.24	0.53	0.44
最大日数（d）	0.43	0.77	1.32	1.08	0.96	1.32	1.08
最大年份（d）	1979	2008	1973	2011	2012	1979	1983
最小日数（d）	0.00	0.00	0.11	0.00	0.00	0.00	0.18
最小年份	1984	1984	1976	2002	2005	1981	1963
变化趋势	增大	减小	增大	减小	减小	减小	减小
正突变年	2001、2003	2000	2000	—	—	—	1981、1983
负突变年	1984	1976、1987	1976、1987	1978、1980	1977	—	1991
主/次周期（a）	12/—	4/17	5/9	6/19	5/—	5/—	14/—

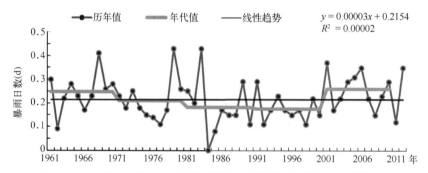

图 3.15　1961—2012 年金沙江流域蓄水期暴雨日数历年变化曲线（d）

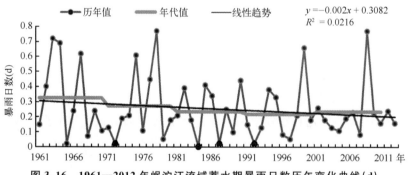

图 3.16　1961—2012 年岷沱江流域蓄水期暴雨日数历年变化曲线（d）

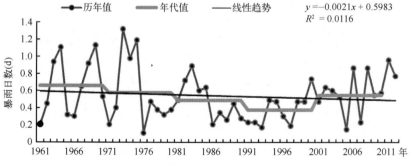

图 3.17　1961—2012 年嘉陵江流域蓄水期暴雨日数历年变化曲线（d）

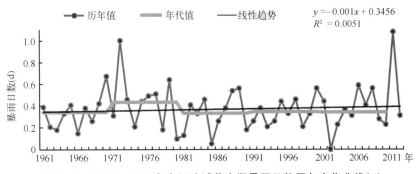

图 3.18　1961—2012 年乌江流域蓄水期暴雨日数历年变化曲线(d)

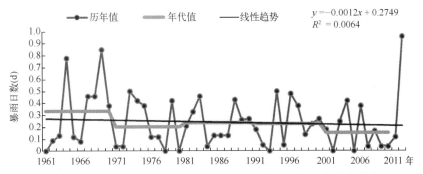

图 3.19　1961—2012 年宜宾至重庆流域蓄水期暴雨日数历年变化曲线(d)

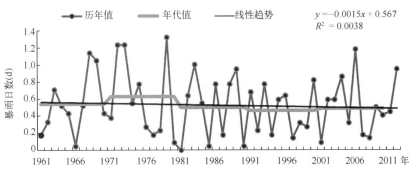

图 3.20　1961—2012 年重庆至宜昌流域蓄水期暴雨日数历年变化曲线(d)

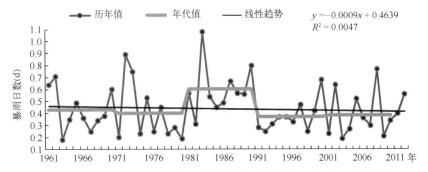

图 3.21　1961—2012 年长江中下游流域蓄水期暴雨日数历年变化曲线(d)

3.3 长江上游蓄水期连阴雨特征

长江上游流域地处我国西南地区，每年进入9月以后，在500 hPa高度长江上游流域处在西北太平洋副热带高压和伊朗高压之间的低气压区内。西太平洋副热带高压西侧或西北侧的西南气流将南海和印度洋上的暖湿空气源源不断地输送到这一地区，使得这里具备了比较丰沛的水汽条件。同时随着冷空气不断从高原北侧东移或从我国东部地区向西部地区倒灌，冷暖空气在我国西部地区频频交汇，便形成了长江上游流域蓄水期间的华西秋雨。在此期间，频繁南下的冷空气与滞留在长江上游流域的暖湿空气相遇，使锋面活动加剧而产生较长时间的阴雨。平均来讲，降雨量一般多于春季，仅次于夏季，在水文上则表现为显著的秋汛。华西秋雨的主要降雨时段出现在9月和10月，主要特点是雨日多，而另一个特点是以绵绵细雨为主，所以雨日虽多，但雨量一般要比夏季少。

从长江流域蓄水期平均降水量空间分布和长江流域、长江上游月平均降水量时间分布（图略）也可以看出，在蓄水期间，长江流域的降水中心向上游流域转移，四川盆地东部、金沙江下游分别出现降水集中区。

按照1.4.3节蓄水期连阴雨标准，统计1961—2012年长江上游流域蓄水期连阴雨过程共80次（见表3.5）。

通过对长江上游流域蓄水期连阴雨时空分布特征的分析得出：蓄水期连阴雨平均每年出现1.5次，其中出现在9月的有56次，占70.0%，出现在10月的有14次，占17.5%，出现在11月的有1次，占1.3%，跨月出现的有9次。蓄水期连阴雨次数与日数逐年分布情况见图3.22，其中每年连阴雨过程最多出现3次，总日数最多出现29 d（1965年），蓄水期未出现连阴雨的年份有1966年、2002年、2003年、2009年和2012年共5年。蓄水期连阴雨开始日期最早出现在9月1日（多年出现）、最晚出现在11月1日（1996年）；连阴雨结束日期最早出现在9月8日（2004年）、最晚出现在11月7日（1996年）。

表3.5 1961—2012年长江上游流域蓄水期连阴雨过程

序号	开始日期	结束日期	持续天数(d)	平均雨量(mm)	累计雨量(mm)	雨日比例(%)
1	1961-09-15	1961-09-25	11	5.7	62.5	68
2	1961-10-18	1961-10-24	7	5.7	40.2	74
3	1962-09-11	1962-09-19	9	6.7	60.6	77
4	1963-09-11	1963-09-24	14	5.8	81.0	59
5	1963-10-04	1963-10-12	9	6.4	57.8	76
6	1964-09-01	1964-09-23	23	7.3	167.9	72
7	1964-10-02	1964-10-07	6	8.3	49.8	88
8	1965-09-10	1965-09-14	5	6.7	33.6	79
9	1965-10-01	1965-10-10	10	5.1	50.9	82

序号	开始日期	结束日期	持续天数(d)	平均雨量(mm)	累计雨量(mm)	雨日比例(%)
10	1965-10-20	1965-10-24	5	5.7	28.6	70
11	1967-09-03	1967-09-13	11	8.9	97.7	62
12	1967-09-16	1967-09-21	6	6.4	38.5	77
13	1967-09-27	1967-10-02	6	6.2	37.0	79
14	1968-09-07	1968-09-22	16	5.1	81.1	59
15	1968-10-09	1968-10-13	5	5.2	26.0	78
16	1969-09-01	1969-09-05	5	10.6	52.8	81
17	1969-09-08	1969-09-12	5	5.2	25.9	76
18	1969-09-26	1969-10-01	6	7.7	46.1	64
19	1970-09-14	1970-09-19	6	7.1	113.8	79
20	1970-10-08	1970-10-15	8	5.3	42.1	67
21	1971-09-03	1971-09-19	17	5.2	88.1	73
22	1972-09-01	1972-09-06	6	8.3	50.0	76
23	1972-09-10	1972-09-24	15	5.2	77.9	68
24	1973-09-05	1973-09-18	14	9.6	134.1	75
25	1973-09-24	1973-09-29	6	6.3	38.0	68
26	1974-09-01	1974-09-06	6	8.0	48.2	60
27	1974-09-10	1974-09-23	14	5.4	76.3	69
28	1975-09-01	1975-09-06	6	8.5	51.2	54
29	1975-09-17	1975-10-03	17	5.7	96.6	62
30	1975-10-09	1975-10-13	5	5.6	27.9	88
31	1976-09-15	1976-09-25	11	5.4	59.0	83
32	1977-09-07	1977-09-18	12	5.2	62.4	51
33	1978-09-01	1978-09-09	9	7.6	68.3	56
34	1979-09-01	1979-09-08	8	6.2	49.7	70
35	1979-09-11	1979-09-16	6	8.7	52.5	80
36	1979-09-19	1979-09-23	5	8.4	42.1	72
37	1980-09-04	1980-09-09	6	5.8	35.0	66
38	1980-09-27	1980-10-05	9	6.4	57.6	81

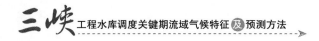

（续表）

序号	开始日期	结束日期	持续天数(d)	平均雨量(mm)	累计雨量(mm)	雨日比例(%)
39	1981-09-01	1981-09-18	18	5.0	90.5	65
40	1982-09-02	1982-09-23	22	7.3	160.4	78
41	1983-09-04	1983-09-18	15	7.0	104.6	64
42	1983-10-03	1983-10-07	5	7.8	39.0	78
43	1984-09-22	1984-09-28	7	5.2	36.4	62
44	1985-09-01	1985-09-17	17	5.8	98.1	59
45	1985-09-21	1985-09-27	7	6.6	45.9	65
46	1986-09-07	1986-09-18	12	5.3	64.0	77
47	1987-09-01	1987-09-07	7	5.1	35.5	65
48	1987-09-13	1987-09-19	7	5.9	41.5	66
49	1987-09-22	1987-09-28	7	5.3	37.4	81
50	1988-09-01	1988-09-14	14	8.4	117.9	79
51	1989-10-05	1989-10-10	6	5.1	30.4	78
52	1989-10-15	1989-10-19	5	7.0	35.1	79
53	1990-09-26	1990-10-11	16	5.2	83.2	79
54	1991-09-07	1991-09-12	6	5.2	31.5	55
55	1991-09-19	1991-09-26	8	5.0	40.0	79
56	1992-09-22	1992-09-28	7	5.6	39.0	66
57	1993-09-6	1993-09-12	7	5.8	40.5	57
58	1993-09-27	1993-10-01	5	5.5	27.7	74
59	1993-10-13	1993-10-17	5	5.8	28.8	85
60	1994-09-01	1994-09-05	5	9.5	47.4	62
61	1994-10-01	1994-10-11	11	5.2	57.7	77
62	1995-09-08	1995-09-19	12	5.9	71.2	77
63	1996-11-01	1996-11-07	7	5.5	38.4	63
64	1997-09-12	1997-09-20	9	6.9	61.8	71
65	1997-09-23	1997-09-28	6	5.8	34.5	55
66	1998-09-16	1998-09-26	11	5.7	62.8	60
67	1998-10-08	1998-10-14	7	5.8	40.8	65

（续表）

序号	开始日期	结束日期	持续天数(d)	平均雨量(mm)	累计雨量(mm)	雨日比例(%)
68	1999-09-11	1999-09-15	5	7.7	38.4	50
69	2000-09-05	2000-09-12	8	5.2	41.8	78
70	2000-09-23	2000-10-03	11	6.0	66.0	63
71	2001-09-12	2001-09-25	14	5.0	70.6	53
72	2004-09-01	2004-09-08	8	9.5	75.9	77
73	2005-09-21	2005-09-26	6	8.0	48.0	78
74	2006-09-02	2006-09-08	7	8.8	61.5	55
75	2006-09-27	2006-10-07	11	5.6	61.2	71
76	2007-09-06	2007-09-14	9	6.1	55.2	77
77	2008-09-24	2008-09-28	5	8.1	40.5	68
78	2008-10-24	2008-11-06	14	6.2	86.1	72
79	2010-09-04	2010-09-10	7	7.8	54.6	62
80	2011-09-07	2011-09-19	13	6.0	78.3	60

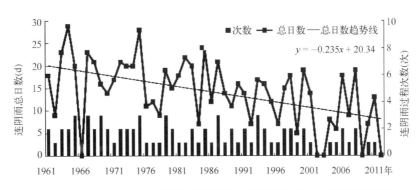

图 3.22　1961—2012 年长江上游流域蓄水期连阴雨次数、日数逐年分布

　　从连阴雨总日数趋势线可以看出 1961—2012 年长江上游流域连阴雨日数呈减少趋势，平均每 10 年减少 2.3 d。除未出现连阴雨的年份外，从 20 世纪 70 年代中期开始，连阴雨日数较少的年份开始频繁出现。连阴雨的开始日期在 60—70 年代波动较小，80—90 年代波动幅度增大，开始时间偏晚，21 世纪初变化幅度减小，在 9 月 10 日前后波动（见图 3.23）。连阴雨的结束日期在 70—80 年代处于波谷，结束日期明显偏早，90 年代结束日期又明显偏晚，21 世纪初振荡较为明显，2008 年连阴雨结束日期明显偏晚，之后 2009—2012 年连阴雨结束时间又明显提前（见图 3.24）。

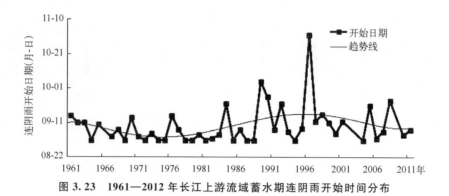

图 3.23　1961—2012 年长江上游流域蓄水期连阴雨开始时间分布

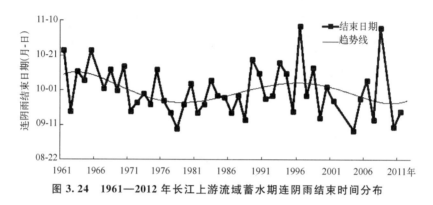

图 3.24　1961—2012 年长江上游流域蓄水期连阴雨结束时间分布

3.4　长江流域蓄水期降水分型

3.4.1　长江流域蓄水期降水分型

利用 1961—2012 年长江流域蓄水期降水资料,采用 EOF 分解方法将长江流域蓄水期降水空间分布与时间序列分离开来,对蓄水期降水进行雨型分类。通过分析,提取出 1961—2012 年长江流域蓄水期降水空间分布的 3 个主要的空间分布型。其中第一模态(EOF1)对应着长江流域大部偏多,仅在长江上游北部偏少(见图 3.25),这种空间分布型的解释方差达 21.4%;第二模态为北少南多型(见图 3.26),解释方差为 14%;第三模态为西少东多型(见图 3.27),解释方差为 8.6%,其中上游至中游西部以偏少为主,中游东部至下游以偏多为主。

长江流域蓄水期降水 EOF 第一空间分布型为全流域东西型,在长江上游长江以北、长江上游长江干流及其以南和长江中下游地区存在明显相反的空间分布。该空间型对应的解释方差达 23.7%,由对应的时间系数看出 1961 年、1972 年、1981 年、1982 年、1983 年和 2000 年蓄水期降水为西少东多型(或类似于西少东多型),其中 1972 年最为典型,而 1974 年、1979 年和 1992 年的降水分布型则表现为明显的西多东少型。

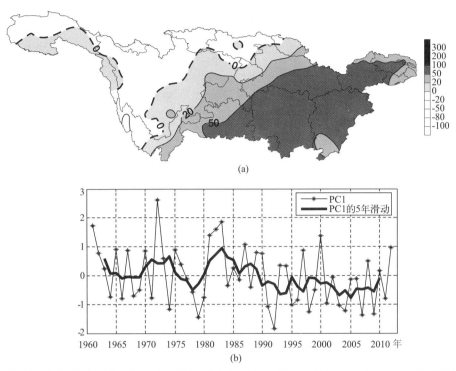

图 3.25　长江流域 1961—2012 年蓄水期降水 EOF 第一模态空间分布(a)和对应时间系数(b)

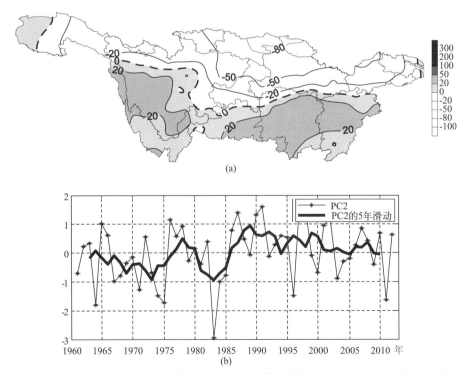

图 3.26　长江流域 1961—2012 年蓄水期降水 EOF 第二模态空间分布(a)和对应时间系数(b)

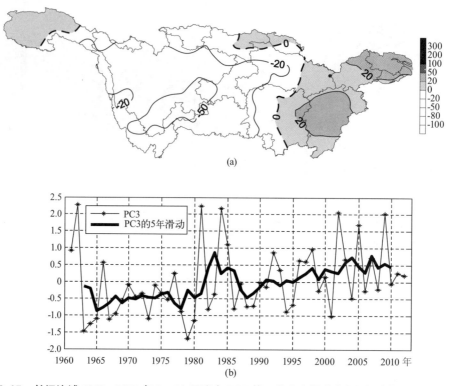

图 3.27 长江流域 1961—2012 年 9—11 月降水 EOF 第三模态空间分布(a)和对应时间系数(b)

3.4.2 年代际特征

1961—2012 年蓄水期在不同年代降水距平百分率的分布有着较大的差异。总体来说，在 20 世纪 60—80 年代，长江流域降水以偏多为主，而 90 年代之后，长江流域降水偏少。具体看来，在 60 年代，长江上游除金沙江以外大部降水偏多，中下游西部和南部降水偏多，异常偏多频次较高的区域位于上游干流区间(见图 3.28a)；70 年代降水偏多范围与 60 年代较为类似，不同点在于上游干流区间偏多年频次较低，且中下游南部变为偏少(见图 3.28b)；80 年代整个长江流域大部偏多频次比率超过 0.5，且频次异常高的区域位于下游(见图 3.28c)；90 年代长江流域大部以偏少为主，仅岷沱江北部、金沙江上游局部、金沙江下游南部局部及洞庭湖南部局部偏多频次比率高于 0.5，大部以偏少为主(见图 3.28d)；2001—2010 年以偏少为主，仅金沙江上游西部、嘉陵江北部偏多频次比率高于 0.5(见图 3.28e)。

以上提及的降水在 20 世纪 90 年代前后存在着明显的转折，而这种年代际转折通过 EOF1 对应的 PC1 的序列可明显验证：即在 1990 年以前 PC1 主要以正异常为主，对应着长江流域大部以偏多为主，在 1990 年以后 PC1 以负异常为主，对应着 EOF1 相反的分布型，长江流域大部以偏少为主，仅在长江上游北部以偏多为主(见图 3.28b)。说明 EOF1 能够较为准确地反映出长江流域 9—11 月的总体年代际变化趋势。此外，PC1 还存在着明显的准两年振荡。

将 EOF1 分解对应的时间系数(PC1)序列进行小波分析，提取对应的周期以便进一步了解并确定长江流域蓄水期降水的年际及年代际变化特征对应的周期。PC1 小波分析表明

在 20 世纪 60 年代中期至 70 年代中期准 2～3 年周期明显,70 年代开始准 5～6 年周期发展
至 80 年代中期,80 年代以后准 2～3 年周期清晰(见图 3.29)。小波的周期分析图中长江流
域 9—11 月的年代际特征转折并没能显著地体现出来,但在 PC1 3 点平滑之后的 M-K 检验
图中可以较为清楚地体现出 1990 年以后的转折,且这种由大部偏多转为大部偏少的特征在
1995 年以后通过显著性检验(见图 3.30)。

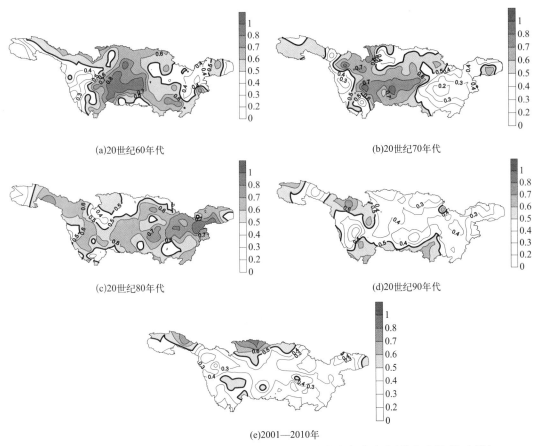

(a)20世纪60年代   (b)20世纪70年代
(c)20世纪80年代   (d)20世纪90年代
(e)2001—2010年

图 3.28　长江流域不同年代 9—11 月降水距平百分率偏多频次比率(偏多次数/总次数)

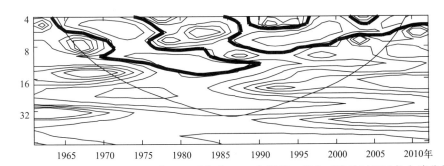

图 3.29　长江流域 9—11 月降水距平百分率 EOF 分解第一模态对应的时间系数小波分析

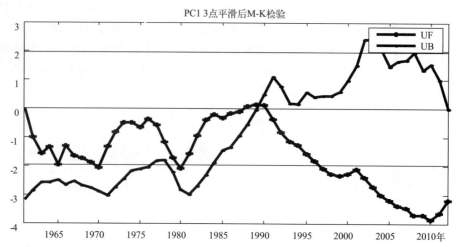

图 3.30　长江流域 9—11 月降水距平百分率 EOF 分解第一模态对应的时间系数 3 点平滑后 M-K 检验

3.5　长江流域蓄水期降水异常年份环流特征

3.5.1　降水异常年份判定

将 EOF 分解第一模态对应的时间系数标准化,根据 1 倍的标准差来挑选长江流域降水异常年份,其中大于 1 的有 7 年,分别为 1961 年、1972 年、1981 年、1982 年、1983 年、1987 年和 2000 年;小于－1 的有 10 年,分别为 1974 年、1979 年、1991 年、1992 年、1995 年、1998 年、2003 年、2004 年、2007 年和 2009 年。由挑选的年份可以看出,降水异常偏多年(即标准化 PC1 大于 1 个标准差对应的年份)7 年中有 6 年发生在 1990 年以前;降水异常偏少年(即标准化 PC1 小于－1 个标准差)的 10 年中有 8 年发生在 1990 年以后。

为了解 9—11 月降水异常年份对应的环流特征,特合成以上异常年份对应的环流及海温(见图 3.31～图 3.33)。

3.5.2　异常年份环流特征分析

在降水异常偏多年份同期的 OLR 分布场上(见图 3.32a),菲律宾群岛至我国南海、印度洋西部以及西太平洋地区为明显的正异常中心,与之相反的是在印度洋东部、中太平洋地区以及我国中东部大部为明显的负异常中心(当 OLR 为正异常对应着下沉运动;OLR 负异常对应着上升运动),长江流域以辐合为主,降水容易偏多。究其原因有三点:首先是 200～500 hPa 的高度场在欧亚地区呈现出明显的"北正南负"的异常场分布,中高纬度地区的正异常中心位于欧洲北部至极地地区,负异常中心位于巴尔喀什湖至贝加尔湖地区的亚洲区域,这种分布形势有利于高纬度的冷空气南下影响长江流域,为降水的形成提供了较为有利的冷空气条件。其次是海温外强迫,降水偏多年同期海温在西太平洋地区至菲律宾群岛、东太平洋为正异常,呈现典型的类 El Niño 分布(见图 3.31a),对应着低层 850 hPa 在赤道西太平洋地区盛行偏西风异常,高层 200 hPa 盛行偏东风异常。这种异常偏多年份的东太平洋海温偏暖,上空空气被加热后产生上升运动,空气上升过程中逐渐变冷,达到大气高空后在太平洋东西两侧气压差的作用下向西运动(对应 200 hPa 偏东风异常),在西太平洋地区下沉,低层气压差使得空气向东移动(对应 850 hPa 偏西风异常),削弱了 Walker 环流。而印度洋西部的海温为正异常,东南部为明显的负异常,呈现明显的热带印度洋偶极子正位相。这种正位相对应高层 200 hPa 在赤道印度洋地区盛行偏西风,而低层 850 hPa 为东风距平,从而 Walker 环流减弱。赤道太平洋海温的东暖西冷型类 El Niño 分布与热带印度洋西暖东南冷的正偶极子位相分布同时削弱了 Walker 环流,使得菲律宾地区对流减弱。第三,围绕 500 hPa 高度场负异常中心低层 850 hPa 的风场存在一个明显的气旋,我国东部大部地区正处于气旋东侧,被气旋东侧的偏南暖湿气流所控制,为降水提供有利的水汽条件。这也是长江流域蓄水期降水异常偏多的重要条件之一。

长江流域蓄水期降水异常偏少年则相反,赤道西太平洋海温呈现出西暖东冷,对应菲律宾群岛对流偏强,以上升运动为主(OLR 负异常),而长江流域对应下沉运动。降水异常偏少年自中高纬度地区至低纬呈现"＋－＋"的异常分布,中纬度以纬向环流为主,不利于冷空气南下至长江流域。500 hPa 高度场上巴尔喀什湖地区至我国偏西北地区高度为正异常,对应低层 850 hPa 分别存在 2 个反气旋环流,反气旋东侧的北风控制长江流域大部,使得来自南边的水汽较弱,不利于降水异常偏多。

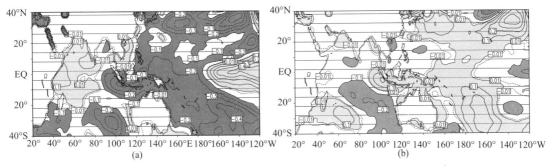

图 3.31 蓄水期降水异常偏多年(a)、偏少年(b)对应海表温度(SST)(℃)

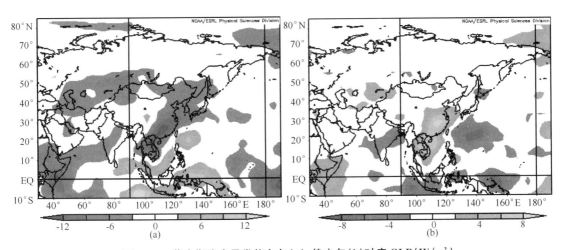

图 3.32 蓄水期降水异常偏多年(a)、偏少年(b)对应 OLR(W/m²)

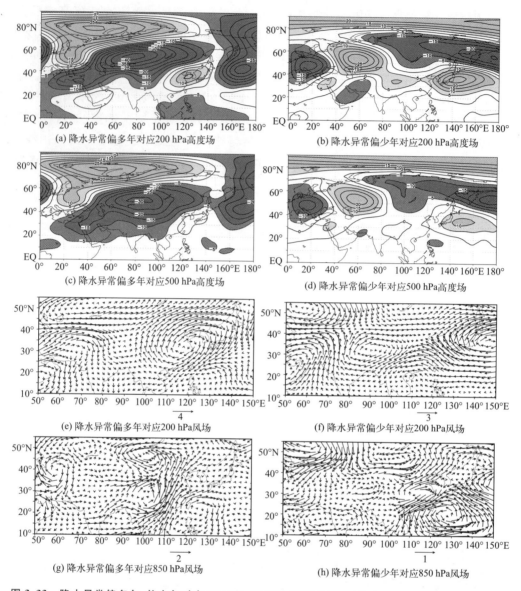

(a) 降水异常偏多年对应200 hPa高度场　　　(b) 降水异常偏少年对应200 hPa高度场

(c) 降水异常偏多年对应500 hPa高度场　　　(d) 降水异常偏少年对应500 hPa高度场

(e) 降水异常偏多年对应200 hPa风场　　　(f) 降水异常偏少年对应200 hPa风场

(g) 降水异常偏多年对应850 hPa风场　　　(h) 降水异常偏少年对应850 hPa风场

图 3.33　降水异常偏多年、偏少年对应 200 hPa、500hPa 高度场（gpm）和 200 hPa、850hPa 风场（m/s）

第4章 供水期、消落期气候特征

4.1 供水期、消落期气温空间分布特征

1981—2010 年长江流域供水期平均气温为 8.9 ℃,其中金沙江流域 8.9 ℃,岷沱江流域 8.7 ℃,嘉陵江流域 9.52 ℃,乌江流域 8.4 ℃,宜宾—重庆流域 10.9 ℃,重庆—宜昌流域 10.5 ℃,长江中下游流域 8.7 ℃。

1981—2010 年长江流域消落期平均气温为 21.3 ℃,其中金沙江流域 18.2 ℃,岷沱江流域 20.0 ℃,嘉陵江流域 21.7 ℃,乌江流域 19.7 ℃,宜宾—重庆流域 22.1 ℃,重庆—宜昌流域 22.3 ℃,长江中下游流域 22.1 ℃。

长江流域供水期是一年中平均气温最低的一个时段,各流域平均气温差值较小,空间分布比较均匀。中下游流域呈南高北低的分布趋势,上游流域从东南向西北逐渐降低。流域内 89% 以上的台站平均气温在 6～12 ℃,大于 12 ℃ 的高温中心主要集中在金沙江下游流域,小于 6 ℃ 的低温中心分布在金沙江中上游大部、岷沱江上游和嘉陵江流域西北局部地区。流域平均气温最高值出现在云南元谋(17.8 ℃),最低值出现在四川西北部石渠(-7.7 ℃)(见图 4.1)。

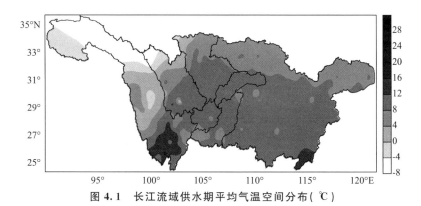

图 4.1 长江流域供水期平均气温空间分布(℃)

消落期长江中下游流域平均气温空间分布均匀,90% 以上的台站平均气温在 20～24 ℃,大于 24 ℃ 的地区主要分布在赣南地区。长江上游流域平均气温从沿江河谷地带向西北逐渐降低,金沙江下游、长江上游干流河谷地区、岷沱江流域东南部和嘉陵江流域西南部平均气温大于 22 ℃,平均气温大于 24 ℃ 的高温中心分布在金沙江下游流域。流域平均气温最高值出现在云南元谋(26.0 ℃),最低值出现在四川西北部石渠(4.1 ℃)(见图 4.2)。

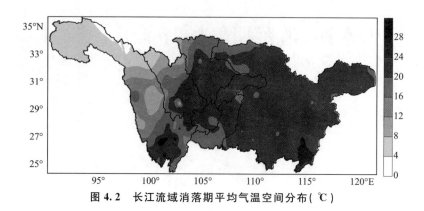

图4.2 长江流域消落期平均气温空间分布(℃)

4.2 供水期、消落期降水时空分布特征

4.2.1 平均降水量空间分布特征

1981—2010年长江流域供水期平均降水量为302.1 mm,其中金沙江流域73.7 mm,岷沱江流域124.8 mm,嘉陵江流域132.9 mm,乌江流域193.2 mm,宜宾—重庆流域189.7 mm,重庆—宜昌流域205.9 mm,长江中下游流域413.4 mm。

供水期平均降水量空间分布极不均匀(见图4.3),等雨量线呈东北—西南走向,降水量从流域东南向西北迅速递减。长江上游金沙江、岷沱江、嘉陵江大部降水量小于150 mm,其他地区降水量在150~250 mm;长江中下游大部地区降水量大于450 mm,江西大部降水量达700 mm以上。流域内最大平均降水量出现在江西黎川(770 mm),最小平均降水量出现在四川西部的乡城(21 mm)。

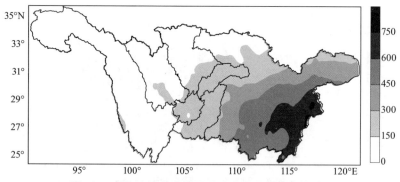

图4.3 长江流域供水期平均降水量空间分布(mm)

1981—2010年长江流域消落期平均降水量为196.4 mm,其中金沙江流域116.5 mm,岷沱江流域133.5 mm,嘉陵江流域152.9 mm,乌江流域216.2mm,宜宾—重庆流域173.7 mm,重庆—宜昌流域210.6 mm,长江中下游流域223.8 mm。

消落期长江上游平均降水量东多西少的空间分布特征十分明显(见图4.4),降水量自西向东从50 mm逐渐增加到250 mm;长江中下游则呈现南多北少的空间分布特征,从北到南由 100 mm 逐渐增加到 300 mm，东南部强降水中心降水量达 350 mm 以上。流域内最大平均降水量出现在江西石城（391 mm），最小平均降水量出现在四川西部的乡城（39 mm）。

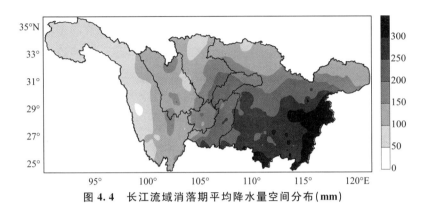

图 4.4　长江流域消落期平均降水量空间分布(mm)

4.2.2　各流域降水量年代际变化特征

长江流域供水期 52 年平均降水量为 295.7 mm，最多为 409.6 mm(1998 年)，最少为 187.3 mm(2011 年)。近 52 年，降水量呈不明显增大趋势，增大速率为 1.9 mm/10a，20 世纪 60 年代是降水量最小的时期，其次是 80 年代，90 年代是降水量最多的时期（见图 4.5）；1999 年降水量出现减小的突变，1989 年降水量出现增加的突变；降水量振荡的主要周期是 3 年，其次是 8 年（相关特征值见表 4.1）。

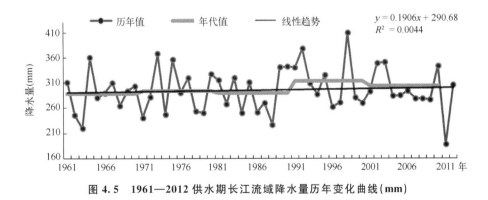

图 4.5　1961—2012 供水期长江流域降水量历年变化曲线(mm)

表 4.1　1961—2012 年供水期长江流域降水量特征值(mm)

流域名称	平均降水量	最大年降水量		最小年降水量	
		年　份	降水量	年　份	降水量
全流域	295.7	1998	409.6	2011	187.3
上游流域	135.5	1977	180.9	1969	97.6

长江流域消落期 52 年平均降水量为 199.7 mm,最多为 255.3 mm(1971 年),最少为 139.7(1966 年)。近 52 年,降水量呈不明显减少趋势,减少速率为 0.9 mm/10a,20 世纪 80 年代是降水量最小的时期,其次是 60 年代,70 年代是降水量最多的时期(见图 4.6);1979 年降水量出现减少的突变,1995 年降水量出现增加的突变;降水量振荡的主要周期是 23 年,其次是 4 年(相关特征值见表 4.2)。

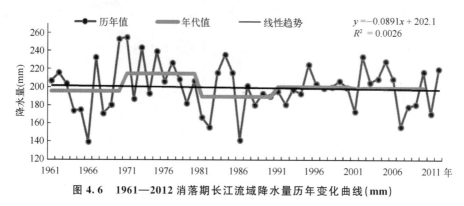

图 4.6　1961—2012 消落期长江流域降水量历年变化曲线(mm)

表 4.2　1961—2012 年消落期长江流域降水量特征值(mm)

流域名称	平均降水量	最大年降水量		最小年降水量	
		年　份	降水量	年　份	降水量
全流域	199.7	1971	255.3	1966	139.7
上游流域	156.2	1984	214.2	1979	121.3

长江上游流域供水期 52 年平均降水量为 135.5 mm,最多为 180.9 mm(1977 年),最少为 97.6 mm(1969 年)。近 52 年,降水量呈不明显减少趋势,减少速率为 0.3 mm/10a,2001—2010 年是降水量最多的时期,20 世纪 80 年代是降水量最少的时期(见图 4.7);1978 年降水量出现减少的突变,1989 年降水量出现增加的突变;降水量振荡的主要周期是 8 年,其次是 3 年(相关特征值见表 4.3)。

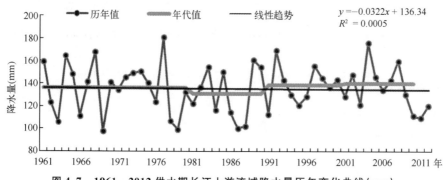

图 4.7　1961—2012 供水期长江上游流域降水量历年变化曲线(mm)

表 4.3 1961—2012 年供水期长江流域(上游六大子流域和中下游)降水量特征值

	金沙江	岷沱江	嘉陵江	乌江	宜宾—重庆	重庆—宜昌	中下游
平均降水量(mm)	68.8	121.3	136.0	196.8	187.0	208.1	403.2
最大降水量(mm)	116.7	116.4	186.8	293.7	312.2	335.8	585.5
最大年份	2004	1968	1964	1964	1992	1977	1998
最小降水量(mm)	30.5	75.4	85.4	118.2	110.9	126.5	239.7
最小年份	1969	1969	1988	1979	1969	1988	2011
变化趋势	增大	增大	减小	减小	增大	减小	增大
正突变年	—	1989、1996	1989	—	—	1989	1999
负突变年	—	—	1978	1978	—	1978	1989
主(a)/次周期(a)	8/12	4/8	4/8	3/10	3/8	4/14	3/9

长江上游流域消落期 52 年平均降水量为 156.2 mm,最多为 214.2 mm(1984 年),最少为 121.3 mm(1979 年)。近 52 年,降水量呈不明显减小趋势,减小速率为 0.4 mm/10a,20 世纪 70 年代是降水量最多的时期,80 年代是降水量最少的时期,其次是 60 年代(见图 4.8);1986 年降水量出现减少的突变,1996 年降水量出现增加的突变;降水量振荡的主要周期是 10 年,其次是 6 年(相关特征值见表 4.4)。

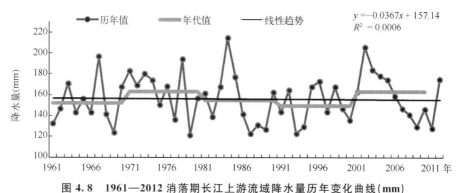

图 4.8 1961—2012 消落期长江上游流域降水量历年变化曲线(mm)

表 4.4 1961—2012 年消落期长江流域(上游六大子流域和中下游)降水量特征值

	金沙江	岷沱江	嘉陵江	乌江	宜宾—重庆	重庆—宜昌	中下游
平均降水量(mm)	115.5	133.2	151.6	221.0	177.6	212.9	229.0
最大降水量(mm)	203.6	229.2	265.5	340.1	266.9	309.1	311.0
最大年份	1978	1984	1963	1996	1973	1963	1970
最小降水量(mm)	46.4	89.3	91.4	129.7	81.1	144.3	137.6
最小年份	1963	2000	1977	1988	2011	1981	1966
变化趋势	增大	增大	增大	减小	减小	减小	减小
正突变年	1995	1997	1983	1996	1997	1988	—
负突变年	—	1987	—	1979、1986	1986	1980	1979
主(a)/次周期(a)	6/24	16/11	10/4	10/—	10/16	6/4	2/21

长江上游六大子流域供水期1961—2012年降水量变化趋势不明显。乌江、嘉陵江和重庆—宜昌流域呈减小趋势,乌江流域减少趋势较明显(5.6mm/10a),其他子流域均呈不明显的增加趋势(见图4.9～图4.14),相关特征值见表4.3。消落期1961—2012年降水量变化趋势不明显。金沙江、岷沱江和嘉陵江呈不明显的增加趋势,其他子流域呈不明显的减小趋势(见图4.16～图4.21),相关特征值见表4.4。

长江中下游:供水期呈不明显的增加趋势,消落期呈不明显减少趋势(见图4.15、图4.22)。

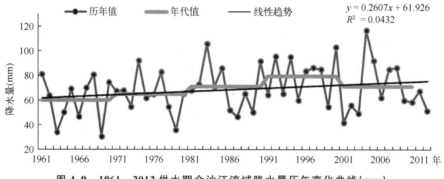

图 4.9　1961—2012 供水期金沙江流域降水量历年变化曲线(mm)

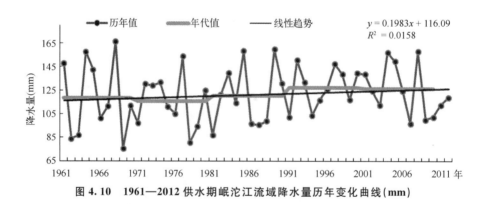

图 4.10　1961—2012 供水期岷沱江流域降水量历年变化曲线(mm)

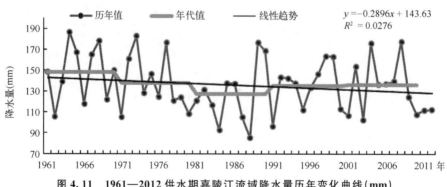

图 4.11　1961—2012 供水期嘉陵江流域降水量历年变化曲线(mm)

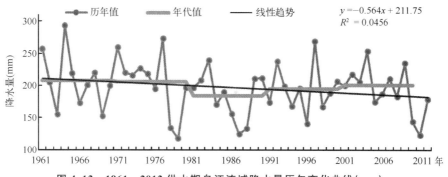

图 4.12　1961—2012 供水期乌江流域降水量历年变化曲线(mm)

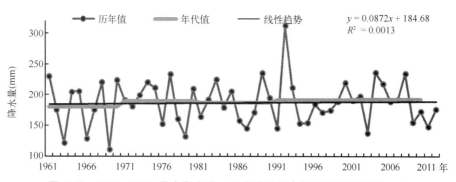

图 4.13　1961—2012 供水期宜宾—重庆流域降水量历年变化曲线(mm)

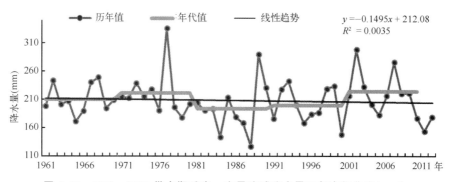

图 4.14　1961—2012 供水期重庆—宜昌流域降水量历年变化曲线(mm)

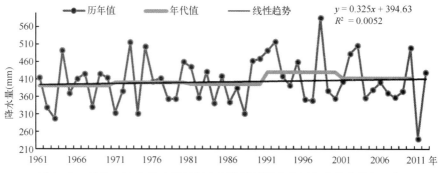

图 4.15　1961—2012 供水期长江中下游流域降水量历年变化曲线(mm)

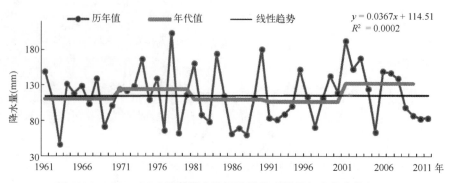

图 4.16　1961—2012 消落期金沙江流域降水量历年变化曲线（mm）

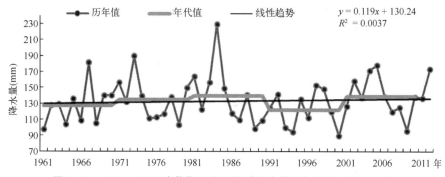

图 4.17　1961—2012 消落期岷沱江流域降水量历年变化曲线（mm）

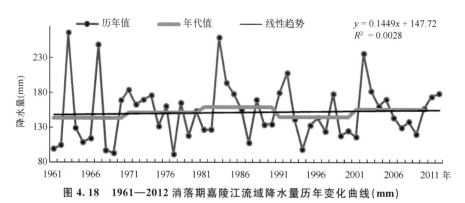

图 4.18　1961—2012 消落期嘉陵江流域降水量历年变化曲线（mm）

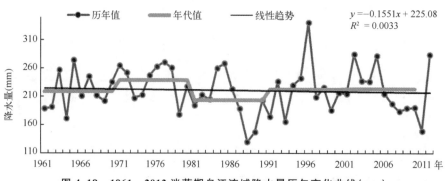

图 4.19　1961—2012 消落期乌江流域降水量历年变化曲线（mm）

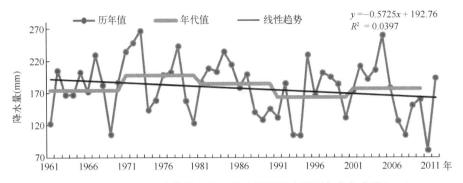

图 4.20 1961—2012 消落期宜宾—重庆流域降水量历年变化曲线(mm)

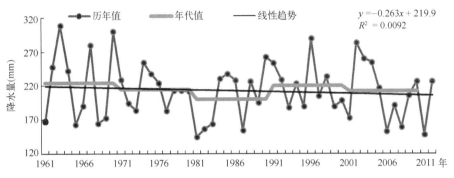

图 4.21 1961—2012 消落期重庆—宜昌流域降水量历年变化曲线(mm)

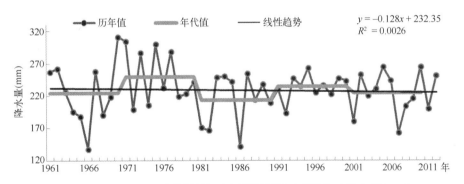

图 4.22 1961—2012 消落期长江中下游流域降水量历年变化曲线(mm)

第5章 长江上游干湿季节转换特征分析

5.1 金沙江流域雨季开始时间及环流特征

金沙江发源于青海省境内唐古拉山脉的格拉丹冬雪山北麓,流经青藏高原、川西高原、横断山脉、云贵高原、川西南山地,到四川盆地西南部的宜宾为止,全长 3496 km。金沙江中上游位于青藏高原,高原气候特征明显,属于高原季风气候区,下游大部平均海拔在 1800 m 以下,属于亚热带季风气候区。

绘制金沙江流域日平均降水量 10 天滑动平均时间分布图(见图 5.1),查看金沙江降水量的年内变化规律。11 月中旬至翌年 4 月上旬降水量小且变化平缓;4 月下旬到 5 月上旬,随着西南季风第一次暴发,降水量明显增大;5 月中下旬西南季风有所减弱,降水量略有回落;6 月初西南季风第二次暴发,降水量激增,7 月上旬达到全年峰值;7 月下旬至 11 月初,降水量缓慢减弱。以降水量峰值出现时间为轴线,前后变化斜率具有明显区别,5—7 月上升斜率大,降水增加迅速;7—10 月下降斜率小,降水减弱较慢。上述特征说明西南夏季风 5 月以后迅速推进影响金沙江流域大部分地区,但撤退缓慢。这意味着,金沙江存在着一定的降水集中时段,我们通常把它称为雨季。下面根据雨季开始、结束时间标准的统计分析,来探讨金沙江雨季的变化特征。

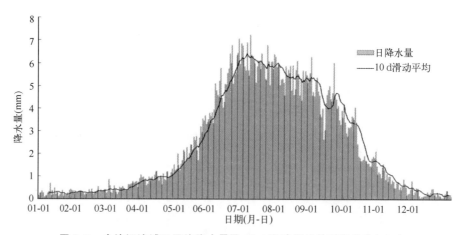

图 5.1 金沙江流域日平均降水量及 10 d 滑动平均的时间分布(mm)

5.1.1 金沙江流域雨季开始时间特征

受西南季风变化和高原地形共同影响,金沙江流域干湿季节转换时间的年际变化较大,根据雨季开始时间的定义,利用逐日降水量数据,计算金沙江雨季开始时间的时间序列。图 5.2 给出了 1961—2012 年金沙江雨季开始时间历年变化曲线。金沙江雨季开始时间 1961—2012 年 52 年平均为 5 月 11 日,雨季最早于 4 月 2 日开始(1977 年),最晚于 6 月 8 日开始(1963 年),最早与最晚出现时间相差两个月。

从整体趋势上看,金沙江流域雨季开始时间呈微弱的下降趋势,即有偏早的趋势。从周期演变上看,处在不同时间段,年代际和年际变化特征也各不相同:20 世纪 60 年代雨季开始时间偏晚(7 年晚/2 年早/1 年持平);70 年代(3 年晚/7 年偏早);80 年代(5 年晚/4 年早/1 年持平);至 90 年代(8 年晚/2 年早)以偏晚为主;进入 21 世纪以来(7 年晚/5 年早)以偏晚为主。

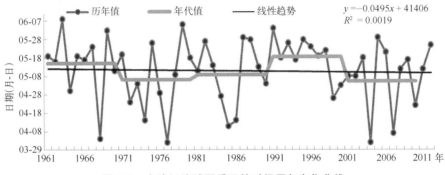

图 5.2　金沙江流域雨季开始时间历年变化曲线

统计金沙江流域雨季开始时间月份分布概率(见表 5.1),可以看出,开始时间发生在 4—6 月,主要集中在 5 月,4 月次之,6 月最少。

表 5.1　金沙江流域雨季开始时间月份分布概率

出现月份	出现次数	出现概率
4	13	25.0%
5	35	67.3%
6	4	7.7%

5.1.2　金沙江流域雨季开始时间环流特征

利用时间序列,绘制雨季开始前 10 日平均、后 10 日平均 500 hPa 高度场及两者距平之差图(见图 5.3)。前 10 日,在中高纬高度场距平存在"－＋－＋"分布,即欧洲西部为负距平、新地岛及以南为正距平、贝加尔湖至巴尔喀什湖高度场为负距平、日本海及以东洋面为正距平;后 10 日,随着西风带系统东移,正负中心也随之东移且强度上有所变化,欧洲西部的负距平扩大,新地岛正距平东移至巴尔喀什湖以北,此处高度场升高显著,贝加尔湖、鄂霍茨克海为负距平,阿留申以南为正距平。这两者最显著的差异在于里海以北高度场负距平差异显著;贝加尔湖至巴尔喀什湖高度场差异显著,由负距平转变为正距平;日本海负距平差异显著。

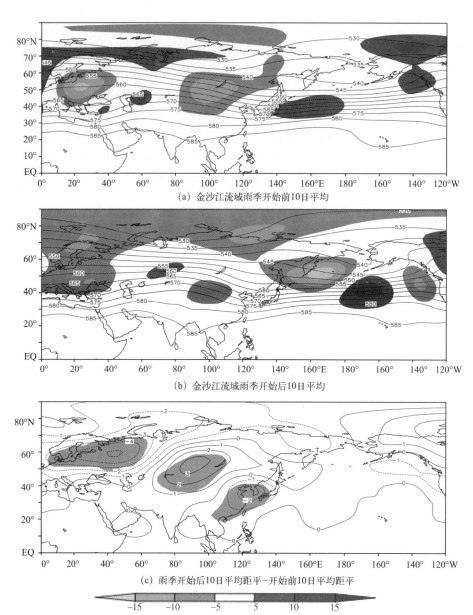

(a) 金沙江流域雨季开始前10日平均

(b) 金沙江流域雨季开始后10日平均

(c) 雨季开始后10日平均距平—开始前10日平均距平

**图 5.3 金沙江流域雨季开始时间前 10 日平均(a)、后 10 日平均(b)500 hPa 高度场及
两者距平之差(c)图(dagpm)**

(a、b 中阴影为距平值,c 中阴影为通过 0.05 显著性检验区域)

5.2 金沙江流域雨季结束时间及环流特征

5.2.1 金沙江流域雨季结束时间特征

根据金沙江流域雨季结束时间的定义,利用逐日降水量数据,计算金沙江雨季结束时间的时间序列。图 5.4 给出了 1961—2012 年金沙江流域雨季结束时间历年变化曲线。金沙江流域雨季结束时间 1961—2012 年 52 年平均为 10 月 14 日,雨季最早于 9 月 19 日结束

（1983 年），最晚于 11 月 11 日结束（1982 年），最早与最晚出现时间相差两个月。

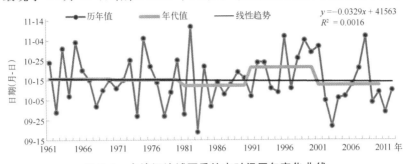

图 5.4　金沙江流域雨季结束时间历年变化曲线

从整体趋势上看，金沙江流域雨季结束时间呈微弱的下降趋势，即有偏早的趋势。从周期演变上看，处在不同时间段，年代际和年际变化特征也各不相同：20 世纪 60 年代（6 年晚/4 年早）至 70 年代（5 年晚/4 年早/1 年持平）略晚；80 年代（4 年晚/5 年早/1 年持平）略早；90 年代（6 年晚/4 年早）以偏晚为主；进入 21 世纪以来（3 年晚/9 年早），以偏早为主。

5.2.2　金沙江流域雨季结束时间环流特征

利用时间序列，绘制雨季结束前 10 日平均、后 10 日平均 500 hPa 高度场及两者距平之差图（见图 5.5）。前 10 日，从新地岛至日本海—北太平洋高度场距平存在"＋－＋"波列分布型，即新地岛为正距平、巴尔喀什湖至鄂霍茨克海为负距平、日本海至北太平洋为正距平，这种波列类似于 EUP 分布型。后 10 日，随着西风系统东移，这些正、负距平中心南压东移，

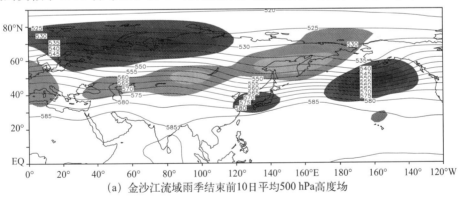

(a) 金沙江流域雨季结束前10日平均500 hPa高度场

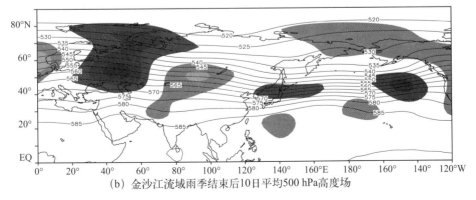

(b) 金沙江流域雨季结束后10日平均500 hPa高度场

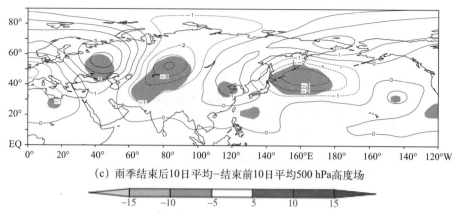

(c) 雨季结束后10日平均−结束前10日平均500 hPa高度场

$$-15 \quad -10 \quad -5 \quad 5 \quad 10 \quad 15$$

图 5.5　金沙江流域雨季结束前 10 日平均(a)、后 10 日平均(b)500 hPa 高度
场及两者距平之差(c)图(dagpm)

(a、b 中阴影为距平值,c 中阴影为通过 0.05 显著性检验区域)

表现为新地岛以南为正距平、巴尔喀什湖—贝加尔湖为负距平、日本海为正距平,另外,在西太平洋也出现了负距平。这两者最显著的差异在于,新地岛以南高度场正距平差异显著,由负距平转变为正距平;巴尔喀什湖高度场负距平差异显著;日本海高度场负距平差异显著。

5.3　长江上游首场强降水时间及环流特征

长江上游流域首场强降水,对三峡水库运行调度有重要指示作用。本节根据 1.4.3 节中首场强降水时间的标准,通过统计分析确定了长江上游五大子流域首场强降水出现时间及变化规律,并研究对应的强降水环流特征(注:本节和 5.4 节中所述的长江上游五大流域不含金沙江流域)。

5.3.1　长江上游首场强降水时间特征

根据首场强降水时间的标准,利用逐日降水量,计算长江上游五大流域首场强降水时间序列,并分析对应的环流特征。

5.3.1.1　岷沱江流域

岷沱江流域首场强降水平均出现时间为 5 月 21 日,在上游五大子流域中是最晚的,最早出现在 4 月 2 日(1973 年),最晚出现在 7 月 16 日(2010 年),最早与最晚出现时间相差 3 个月以上。强降水出现时间呈提前趋势,提前速率为 1.9 d/10a,具有明显的年代际背景。20 世纪 70 年代以及 2001—2012 年是出现时间最早的时期,平均日期为 5 月 18 日;20 世纪 60 年代是出现时间最晚的时期,平均日期为 5 月 30 日(见图 5.6)。

5.3.1.2　嘉陵江流域

嘉陵江流域首场强降水平均出现时间为 5 月 6 日,最早出现在 4 月 2 日(1973 年),最晚出现在 6 月 19 日(2009 年),最早与最晚时间相差 2 个月以上。强降水出现时间呈推迟趋势,推迟速率为 2.2 d/10a,20 世纪 60 年代是出现时间最早的时期,平均日期为 4 月 30 日;2001—2010 年是出现时间最晚的时期,平均日期为 5 月 12 日(见图 5.7)。

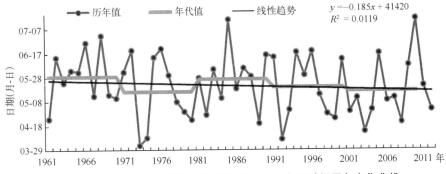

图 5.6　1961—2012 年岷沱江流域首场强降水出现时间历年变化曲线

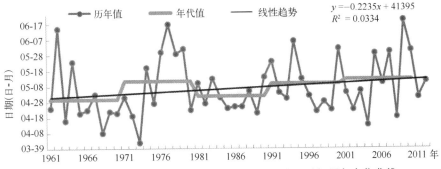

图 5.7　1961—2012 年嘉陵江流域首场强降水出现时间历年变化曲线

5.3.1.3　乌江流域

乌江流域首场强降水平均出现时间为 5 月 5 日,最早出现在 3 月 30 日(1970 年),最晚出现在 6 月 11 日(1993 年),最早与最晚时间相差 2 个月以上。强降水出现时间呈推迟趋势,推迟速率为 1.9 d/10a,20 世纪 70 年代是出现时间最早的时期,平均日期为 4 月 21 日;20 世纪 80 年代是出现时间最晚的时期,平均日期为 5 月 13 日(见图 5.8)

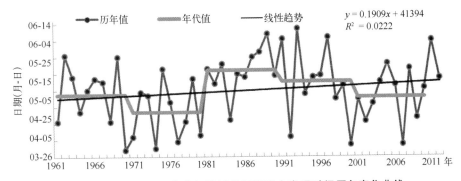

图 5.8　1961—2012 年乌江流域首场强降水出现时间历年变化曲线

5.3.1.4　宜宾—重庆流域

宜宾—重庆流域首场强降水平均出现时间为 5 月 9 日,最早出现在 4 月 2 日(1973 年),最晚出现在 6 月 28 日(1961 年),最早与最晚出现时间相差 2 个月以上。强降水出现时间呈提前趋势,提前速率为 1.2 d/10a,20 世纪 70 年代是出现时间最早的时期,平均日期为 4 月 28 日;20 世纪 60 年代是出现时间最晚的时期,平均日期为 5 月 22 日(见图 5.9)。

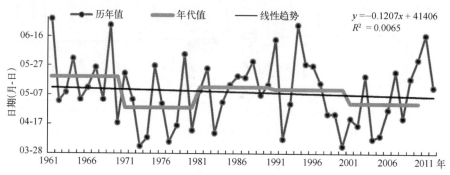

图 5.9　1961—2012 年宜宾—重庆流域首场强降水出现时间历年变化曲线

5.3.1.5　重庆—宜昌流域

重庆—宜昌流域首场强降水平均出现时间为 4 月 22 日,最早出现在 3 月 16 日(1967 年),最晚出现在 6 月 2 日(1965 年),最早与最晚出现时间相差 2 个月以上。强降水出现时间变化趋势不明显,2001—2012 年是出现时间最早的时期,平均日期为 4 月 17 日;20 世纪 90 年代是出现时间最晚的时期,平均日期为 4 月 30 日(见图 5.10)。

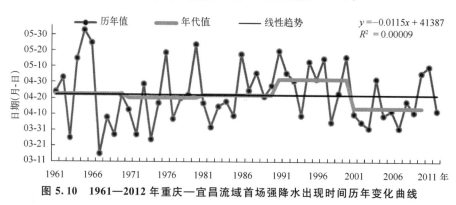

图 5.10　1961—2012 年重庆—宜昌流域首场强降水出现时间历年变化曲线

5.3.1.6　长江上游流域

长江上游流域首场强降水平均出现时间为 4 月 29 日,最早出现在 4 月 1 日(2007 年),最晚出现在 6 月 7 日(2009 年),最早与最晚出现时间相差 2 个月以上。强降水出现时间变化趋势不明显,20 世纪 70 年代是出现时间最早的时期,平均日期为 4 月 22 日;20 世纪 60 年代是出现时间最晚的时期,平均日期为 5 月 5 日(见图 5.11)。

5.3.1.7　长江上游五大子流域首场强降水时间的关系

利用相关分析,统计上游五大子流域首场强降水发生时间之间的关系(见表 5.2)。发现乌江与宜宾—重庆、岷沱江与嘉陵江相关较好,通过了 0.05 显著性检验;其他流域之间的相关并不显著。

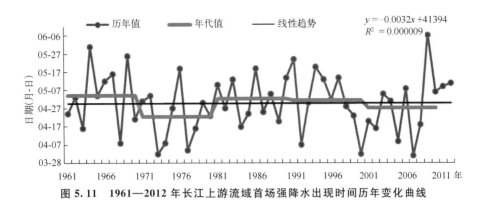

图 5.11　1961—2012 年长江上游流域首场强降水出现时间历年变化曲线

表 5.2　上游五大子流域间首场强降水发生时间的相关系数分布

	岷沱江	嘉陵江	乌江	宜宾—重庆	重庆—宜昌
岷沱江	1				
嘉陵江	0.3*	1			
乌江	0.16	−0.19	1		
宜宾—重庆	0.28	0.08	0.36*	1	
重庆—宜昌	0.18	0.01	0.18	0.02	1

注：* 表示通过 0.05 显著性检验。

统计上游五大子流域首场降水发生时间偏晚对应其他流域降水发生时间早晚次数,结果如表 5.3 所示。可见一致性并不佳。在偏晚的年份中,其他流域早晚几乎各占一半。

表 5.3　上游五大流域首场降水发生时间偏晚次数对应其他流域降水发生晚/早统计

流域	岷沱江	嘉陵江	乌江	宜宾—重庆	重庆—宜昌
岷沱江(25)	—	14/11	15/10	15/10	12/13
嘉陵江(20)	14/6	—	11/9	11/9	8/12
乌江(29)	15/14	11/18	—	19/10	15/14
宜宾—重庆(26)	15/11	11/15	19/10	—	13/13
重庆—宜昌(23)	13/10	8/15	15/8	13/10	—

注:括号内为五大流域首场降水发生时间偏晚总次数。

统计上游五大子流域首场降水发生时间偏早对应其他流域降水发生时间早晚次数,结果如表 5.4 所示。发现,当岷沱江首场降水发生时间偏早时,嘉陵江也偏早(27 年中有 21 年)。其他对应关系不佳。

表 5.4　上游五大子流域首场降水发生时间偏早次数对应其他流域降水发生晚/早统计

流域	岷沱江	嘉陵江	乌江	宜宾—重庆	重庆—宜昌
岷沱江(27)	—	6/21	14/13	11/16	10/17
嘉陵江(32)	11/21	—	18/14	15/17	15/17
乌江(23)	10/13	9/14	—	7/16	8/15
宜宾—重庆(26)	10/16	9/17	10/16	—	10/16
重庆—宜昌(29)	12/17	12/17	14/15	13/16	—

注:括号内为五大子流域首场降水发生时间偏早总次数。

综合得出,长江上游五大流域之间首场强降水发生时间趋势并不一致。

5.3.2 长江上游首场强降水环流特征

5.3.2.1 岷沱江流域

利用时间序列,绘制岷沱江流域首场强降水发生前 10 日平均、后 10 日平均 500 hPa 高度场及两者距平之差图(见图 5.12)。前 10 日,欧洲中高纬多槽脊,其高度场距平呈"＋－＋－＋"分布,即欧洲西部为正距平、新地岛及以南为负距平、贝加尔湖为正距平、鄂霍茨克海

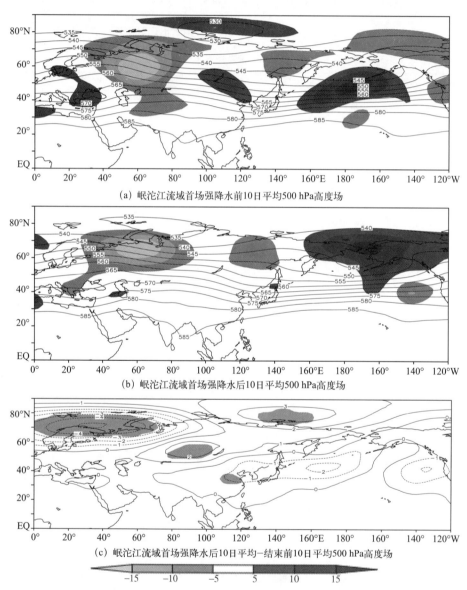

(a) 岷沱江流域首场强降水前10日平均500 hPa高度场

(b) 岷沱江流域首场强降水后10日平均500 hPa高度场

(c) 岷沱江流域首场强降水后10日平均－结束前10日平均500 hPa高度场

图 5.12 岷沱江流域首场强降水前 10 日平均(a)、后 10 日平均(b)500 hPa 高度场及两者距平之差(c)图(dagpm)

(a、b 中阴影为距平值,c 中阴影为通过 0.05 显著性检验区域)

为负距平、北太平洋为正距平。随着西风系统东移,这些正、负距平中心位置及强度发生了变化。欧亚中高纬表现为西低东高的分布型,即西伯利亚为负距平、阿留申为正距平。这两者最显著的差异在于,新地岛以西高度场负距平差异显著,贝加尔湖至巴尔喀什湖、新西伯利亚群岛高度场正距平差异显著,我国黄河流域中下游高度场负距平差异显著。

5.3.2.2 乌江流域

利用时间序列,绘制乌江流域首场强降水发生前 10 日平均、后 10 日平均 500 hPa 高度场及两者距平之差图(见图 5.13)。前 10 日,欧亚中高纬呈现西低东高的分布形势,即乌拉尔山至东西伯利亚为负距平,鄂霍茨克海及以东为正距平。随着西风系统东移,这些正、负距平中心位置及强度发生了变化。后 10 日,贝加尔湖出现正距平,西部负距平出现断裂,北太平洋正距平东缩。这两者最显著的差异仅在于黑海西部。

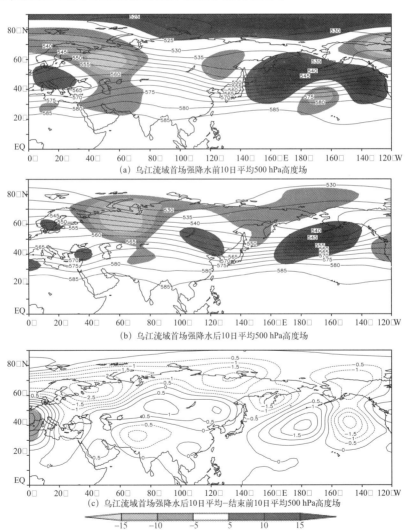

(a) 乌江流域首场强降水前10日平均500 hPa高度场

(b) 乌江流域首场强降水后10日平均500 hPa高度场

(c) 乌江流域首场强降水后10日平均−结束前10日平均500 hPa高度场

图 5.13 乌江流域首场强降水前 10 日平均(a)、后 10 日平均(b)500 hPa 高度场及两者距平之差(c)图(dagpm)

(a,b 中阴影为距平值,c 中阴影为通过 0.05 显著性检验区域)

5.3.2.3 嘉陵江流域

利用时间序列,绘制嘉陵江流域首场强降水发生前 10 日平均、后 10 日平均 500 hPa 高度场及两者距平之差图(见图 5.14)。前 10 日,欧洲中高纬多槽脊,其高度场距平呈"＋－＋－＋"分布,即欧洲西部为正距平、新地岛及以南为负距平、贝加尔湖为正距平、鄂霍茨克海为负距平、北太平洋为正距平。随着西风系统东移,这些正、负距平中心位置及强度发生了变化。欧亚中高纬表现为西低东高的分布型,即西伯利亚为负距平、阿留申为正距平。这两者最显著的差异在于,贝加尔湖以西正距平差异显著;鄂霍茨克海负距平差异显著;北太平洋正距平差异显著。

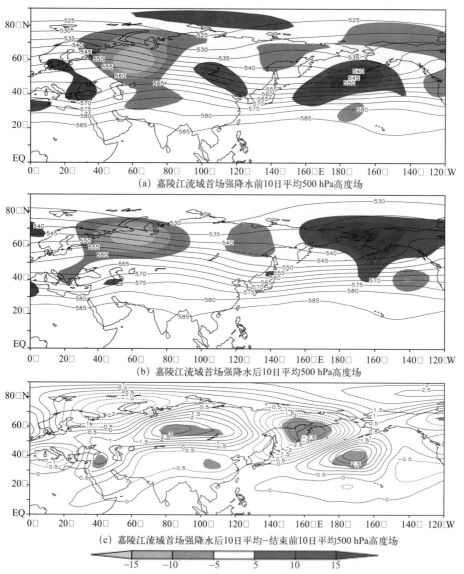

(a) 嘉陵江流域首场强降水前10日平均500 hPa高度场

(b) 嘉陵江流域首场强降水后10日平均500 hPa高度场

(c) 嘉陵江流域首场强降水后10日平均－结束前10日平均500 hPa高度场

图 5.14 嘉陵江流域首场强降水前 10 日平均(a)、后 10 日平均(b)500 hPa 高度场及
两者距平之差(c)图(dagpm)

(a、b 中阴影为距平值,c 中阴影为通过 0.05 显著性检验区域)

5.3.2.4 宜宾—重庆流域

利用时间序列,绘制宜宾—重庆流域首场强降水发生前 10 日平均、后 10 日平均 500 hPa
高度场及两者距平之差图(见图 5.15)。前 10 日,欧亚中高纬存在"—+—+—"波列分布
型,即欧洲西北部为负距平、乌拉尔山为正距平、贝加尔湖为负距平、鄂霍茨克海为正距平、
东北太平洋为负距平。随着西风系统东移,这些正、负距平中心位置及强度发生了变化。后
10 日,以纬向环流为主,欧亚中高纬呈北高南低分布,即欧亚高纬为正距平、巴尔喀什湖至
贝加尔湖为负距平,另外,原位于鄂霍茨克海附近的正距平东移至西北太平洋。这两者无显
著差异。

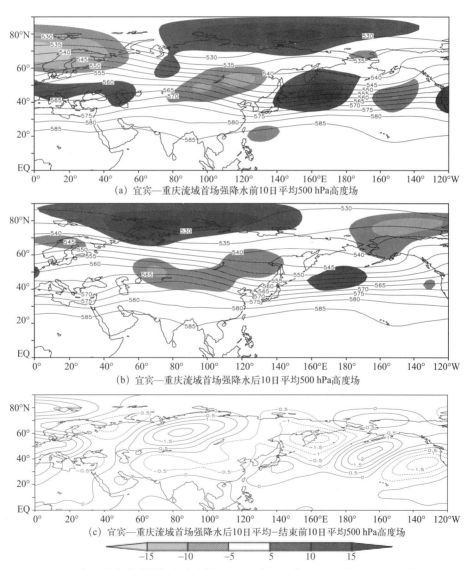

图 5.15 宜宾—重庆流域首场强降水前 10 日平均(a)、后 10 日平均(b)500 hPa 高度场及
两者距平之差(c)图(dagpm)

(a、b 中阴影为距平值,c 中阴影为通过 0.05 显著性检验区域)

5.3.2.5 重庆—宜昌流域

利用时间序列,绘制重庆—宜昌流域首场强降水发生前 10 日平均、后 10 日平均 500 hPa 高度场及两者距平之差图(见图 5.16)。前 10 日,欧亚中高纬为"+-+-+"波列分布型,即黑海为正距平、乌拉尔山为负距平、贝加尔湖为正距平、鄂霍茨克海为负距平、西北太平洋为正距平。随着西风系统东移,这些正、负距平中心位置及强度发生了变化。后 10 日,贝加尔湖正距平消失,西北太平洋正距平北抬。这两者最显著的差异在于,黑海以西负距平差异明显;乌拉尔山以东正距平差异明显;阿拉伯海负距平差异明显;中国黄河流域负距平差异明显。

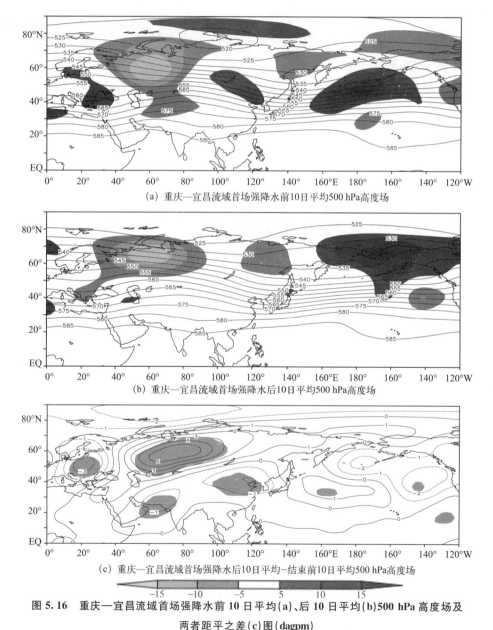

(a) 重庆—宜昌流域首场强降水前10日平均500 hPa高度场

(b) 重庆—宜昌流域首场强降水后10日平均500 hPa高度场

(c) 重庆—宜昌流域首场强降水后10日平均—结束前10日平均500 hPa高度场

图 5.16 重庆—宜昌流域首场强降水前 10 日平均(a)、后 10 日平均(b)500 hPa 高度场及
两者距平之差(c)图(dagpm)

(a、b 中阴影为距平值,c 中阴影为通过 0.05 显著性检验区域)

5.4 长江上游最后一场强降水时间及环流特征

5.4.1 长江上游最后一场强降水时间特征

长江上游及五大子流域最后一场强降水判定标准与首场强降水判定标准相同。

5.4.1.1 岷沱江流域

岷沱江流域最后一场强降水平均出现时间为 9 月 14 日,最早出现在 8 月 3 日(2004年),最晚出现在 11 月 19 日(1961 年),最早与最晚出现时间相差 3 个月以上。强降水出现时间呈提前趋势,提前速率为 3.8 d/10a,20 世纪 90 年代和 2001—2012 年是出现时间最早的时期,平均日期为 9 月 9 日;20 世纪 60 年代是出现时间最晚的时期,平均日期为 9 月 28 日(见图 5.17)。

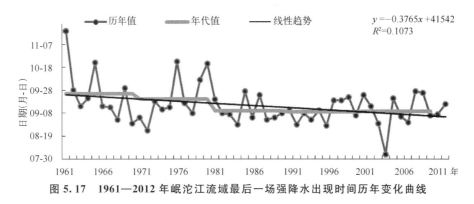

图 5.17 1961—2012 年岷沱江流域最后一场强降水出现时间历年变化曲线

5.4.1.2 嘉陵江流域

嘉陵江流域最后一场强降水平均出现时间为 9 月 27 日,最早出现在 7 月 3 日(1997年),最晚出现在 11 月 19 日(1961 年),最早与最晚出现时间相差 4 个月以上。强降水出现时间呈提前趋势,提前速率为 1.7 d/10a,20 世纪 80 年代是出现时间最早的时期,平均日期为 9 月 18 日;20 世纪 60 年代是出现时间最晚的时期,平均日期为 10 月 6 日(见图 5.18)。

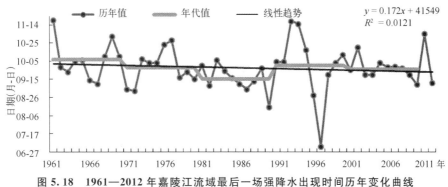

图 5.18 1961—2012 年嘉陵江流域最后一场强降水出现时间历年变化曲线

5.4.1.3 乌江流域

乌江流域最后一场强降水平均出现时间为 10 月 5 日,最早出现在 8 月 21 日(2002 年),最晚出现在 11 月 15 日(1970 年),最早与最晚出现时间相差 3 个月左右。强降水出现时间呈提前趋势,提前速率为 2.1 d/10a,2001—2012 年是出现时间最早的时期,平均日期为 9 月 29 日;20 世纪 70 年代是出现时间最晚的时期,平均日期为 10 月 16 日(见图 5.19)。

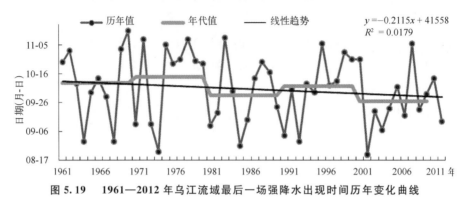

图 5.19 1961—2012 年乌江流域最后一场强降水出现时间历年变化曲线

5.4.1.4 宜宾—重庆流域

宜宾—重庆流域最后一场强降水平均出现时间为 9 月 25 日,最早出现在 8 月 9 日(1978 年),最晚出现在 11 月 15 日(1970 年),最早与最晚出现时间相差 3 个月以上。强降水出现时间呈提前趋势,提前速率为 2.0 d/10a,2001—2012 年是出现时间最早的时期,平均日期为 9 月 16 日;20 世纪 60 年代是出现时间最晚的时期,平均日期为 9 月 29 日(见图 5.20)。

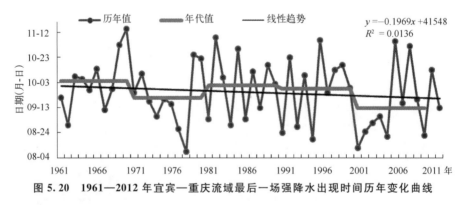

图 5.20 1961—2012 年宜宾—重庆流域最后一场强降水出现时间历年变化曲线

5.4.1.5 重庆—宜昌流域

重庆—宜昌流域最后一场强降水平均出现时间为 10 月 10 日,最早出现在 8 月 19 日(1966 年),最晚出现在 11 月 15 日(2002 年),最早与最晚出现时间相差 3 个月左右。强降水出现时间变化趋势不明显,20 世纪 80 年代是出现时间最早的时期,平均日期为 10 月 3 日;20 世纪 90 年代是出现时间最晚的时期,平均日期为 10 月 17 日(见图 5.21)。

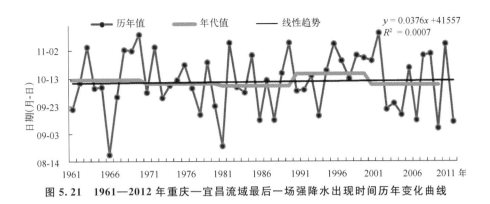

图 5.21 1961—2012 年重庆—宜昌流域最后一场强降水出现时间历年变化曲线

5.4.1.6 长江上游流域

长江上游流域最后一场强降水平均出现时间为 10 月 7 日,最早出现在 8 月 15 日(1990年),最晚出现在 11 月 19 日(1961 年),最早与最晚出现时间相差 3 个月。强降水出现时间呈提前趋势,提前速率为 1.9 d/10a, 20 世纪 80 年代是出现时间最早的时期;20 世纪 60 年代是出现时间最晚的时期,平均日期为 10 月 12 日(见图 5.22)。

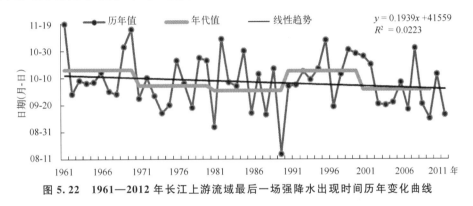

图 5.22 1961—2012 年长江上游流域最后一场强降水出现时间历年变化曲线

5.4.1.7 长江上游五大子流域最后一场强降水时间特征

利用相关分析,统计上游五大流域最后一场强降水发生时间之间的关系(见表 5.5)。发现,重庆—宜昌与宜宾—重庆这两个流域相关较好,通过了 0.01 显著性检验;其他流域之间的相关并不显著。可见,上游五大流域最后一场强降水发生时间相互独立。

表 5.5 上游五大流域间首场强降水发生时间的相关系数分布

	岷沱江	嘉陵江	乌江	宜宾—重庆	重庆—宜昌
岷沱江	1				
嘉陵江	0.23	1			
乌江	0.18	−0.008	1		
宜宾—重庆	0.06	−0.1	0.3	1	
重庆—宜昌	−0.0002	−0.02	0.15	0.43[*]	1

注:[*] 表示通过 0.01 显著性检验。

统计上游五大子流域最后一场降水发生时间偏晚对应其他流域降水发生早晚次数,结果如表5.6所示。乌江、宜宾—重庆、重庆—宜昌这3个流域的相关较好,当其中1个流域最后一场降水出现时间偏晚时,对应其他2个流域也偏晚。

表5.6　上游五大流域最后一场降水发生时间偏晚次数对应其他流域降水发生晚/早统计

流域	岷沱江	嘉陵江	乌江	宜宾—重庆	重庆—宜昌
岷沱江(21)	—	11/10	13/8	10/11	11/10
嘉陵江(26)	11/15	—	13/13	12/14	12/14
乌江(27)	13/14	13/14	—	18/9	18/9
宜宾—重庆(25)	10/15	12/13	18/7	—	18/7
重庆—宜昌(26)	11/15	12/14	18/8	18/8	—

注:括号内为五大流域最后一场降水发生时间偏晚总次数。

统计上游五大子流域最后一场降水发生时间偏早对应其他流域降水发生早晚次数,结果如表5.7所示。乌江、宜宾—重庆、重庆—宜昌这3个流域的相关较好,当其中1个流域最后一场降水出现时间偏早时,对应其他2个流域也偏早。

表5.7　上游五大流域最后一场降水发生时间偏早次数对应其他流域降水发生晚/早统计

流域	岷沱江	嘉陵江	乌江	宜宾—重庆	重庆—宜昌
岷沱江(31)	—	15/16	14/17	15/16	15/16
嘉陵江(26)	10/16	—	14/12	13/13	14/12
乌江(25)	8/17	13/12	—	7/18	8/17
宜宾—重庆(27)	11/16	14/13	9/18	—	8/19
重庆—宜昌(26)	10/16	14/12	9/17	7/19	—

注:括号内为五大流域最后一场降水发生时间偏早总次数。

5.4.2　长江上游最后一场强降水环流特征

5.4.2.1　岷沱江流域

利用时间序列,绘制岷沱江最后一场强降水发生前10日平均、后10日平均500 hPa高度场及两者距平之差图(见图5.23)。前10日,欧洲中高纬高度场距平呈"＋－＋－＋"分布,即欧洲西部为正距平、新地岛以南为负距平、贝加尔湖以东为正距平、阿留申为负距平、东北太平洋为正距平。随着西风系统东移,这些正、负距平中心位置及强度发生了变化。欧亚中高纬仍然维持着"＋－＋－＋"分布型,欧洲西部、贝加尔湖的正距平显著减弱;阿留申的负距平往北回缩,仅剩日本海以东洋面有一小范围负距平;北太平洋正距平发展。这两者最显著的差异在于,新地岛至巴尔喀什湖之间高度场负距平差异显著,我国山东附近高度场负距平差异显著。

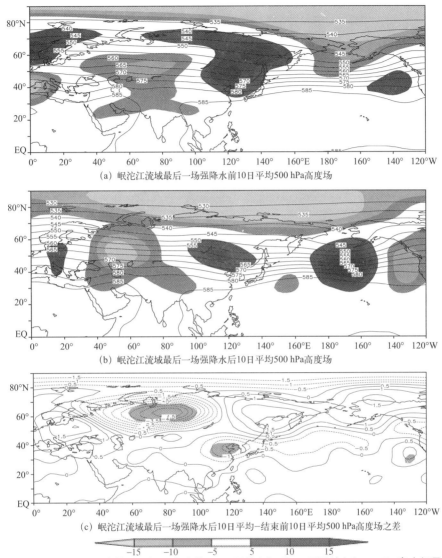

(a) 岷沱江流域最后一场强降水前10日平均500 hPa高度场

(b) 岷沱江流域最后一场强降水后10日平均500 hPa高度场

(c) 岷沱江流域最后一场强降水后10日平均−结束前10日平均500 hPa高度场之差

图 5.23　岷沱江流域最后一场强降水前 10 日平均(a)、后 10 日平均(b)500 hPa 高度场及
两者距平之差(c)图(dagpm)

(a、b 中阴影为距平值,c 中阴影为通过 0.05 显著性检验区域)

5.4.2.2　嘉陵江流域

　　利用时间序列,绘制嘉陵江流域最后一场强降水发生前 10 日平均、后 10 日平均 500 hPa 高度场及两者距平之差图(见图 5.24)。前 10 日,欧洲中高纬高度场距平呈"＋−＋−＋"分布,即欧洲西部为正距平、新地岛以南为负距平、贝加尔湖以东为正距平、阿留申为负距平、东北太平洋为正距平。随着西风系统东移,这些正、负距平中心位置及强度发生了变化。欧亚中高纬仍然维持着"＋−＋−＋"分布型,欧洲西部、贝加尔湖的正距平显著减弱;阿留申的负距平往北回缩,仅剩日本海以东洋面有一小范围负距平;北太平洋正距平发展。这种环流特征与岷沱江流域的极为类似。前 10 日与后 10 日最显著的差异在于,乌拉尔山以西高度场负距平差异显著;巴尔喀什湖正距平差异显著;日本海负距平差异显著。

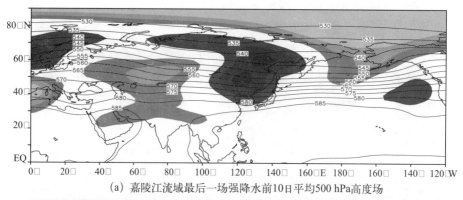

(a) 嘉陵江流域最后一场强降水前10日平均500 hPa高度场

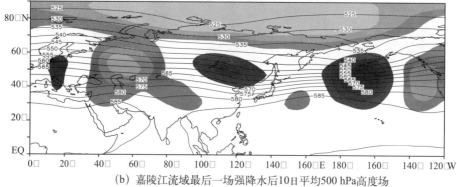

(b) 嘉陵江流域最后一场强降水后10日平均500 hPa高度场

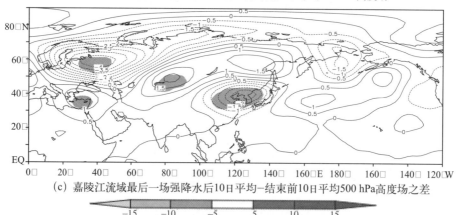

(c) 嘉陵江流域最后一场强降水后10日平均-结束前10日平均500 hPa高度场之差

图 5.24 嘉陵江流域最后一场强降水前 10 日平均(a)、后 10 日平均(b)500 hPa 高度场及
两者距平之差(c)图(dagpm)

(a、b 中阴影为距平值,c 中阴影为通过 0.05 显著性检验区域)

5.4.2.3 乌江流域

利用时间序列,绘制乌江流域最后一场强降水发生前 10 日平均、后 10 日平均 500 hPa
高度场及两者距平之差图(见图 5.25)。前 10 日,欧洲中高纬高度场距平呈"+－+"分布,
即乌拉尔山为正距平、巴尔喀什湖至鄂霍茨克海为负距平、日本海至北太平洋为正距平,这
种分布类似于 EUP 遥相关分布。随着西风系统东移,这些正、负距平中心位置及强度发生
了变化。乌拉尔山正距平南移至里海附近,贝加尔湖至巴尔喀什湖负距平强度减弱,在西太

平洋中低纬附近出现了负距平。这两者距平最显著的差异在于,里海以东高度场正距平差异明显,日本海以东高度场正距平差异明显,华南及沿海高度场负距平差异明显。这种环流特征与金沙江流域雨季结束时间的环流特征较为相似。

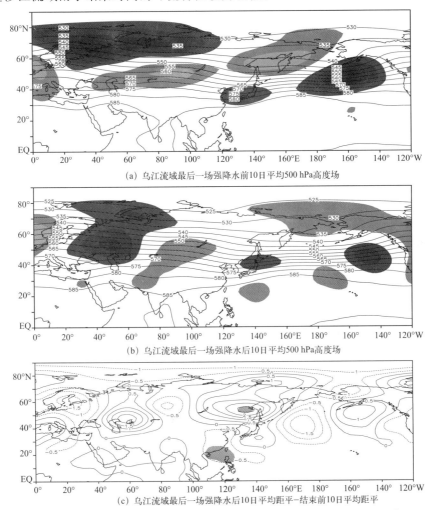

(a) 乌江流域最后一场强降水前10日平均500 hPa高度场

(b) 乌江流域最后一场强降水后10日平均500 hPa高度场

(c) 乌江流域最后一场强降水后10日平均距平—结束前10日平均距平

图 5.25　乌江流域最后一场强降水前 10 日平均(a)、后 10 日平均(b)500 hPa 高度场及

两者距平之差(c)图(dagpm)

(a、b 中阴影为距平值,c 中阴影为通过 0.05 显著性检验区域)

5.4.2.4　宜宾—重庆流域

利用时间序列,绘制宜宾—重庆流域最后一场强降水发生前 10 日平均、后 10 日平均 500 hPa 高度场及两者距平之差、平均值之差图(见图 5.26)。前 10 日,中国及以北大部被负距平控制;在 180°附近从北至南存在"+−+"波列分布,即极地为正距平,阿留申为负距平,北太平洋为正距平。随着西风系统东移,这些正、负距平中心位置及强度发生了变化。欧洲西部正距平向东扩展至乌拉尔山且中心强度加强;新地岛负距平东移至贝加尔湖以北;180°附近的波列消失,仅北太平洋正距平仍然维持;另外,在日本海出现了显著正距平。这两者距平并不存在显著的差异。从平均值差异看,巴尔喀什湖高度场显著下降,鄂霍茨克海、阿拉斯加湾高度场也显著下降。表明,宜宾—重庆流域最后一场强降水的发生伴随着巴尔喀什湖槽的发生发展。

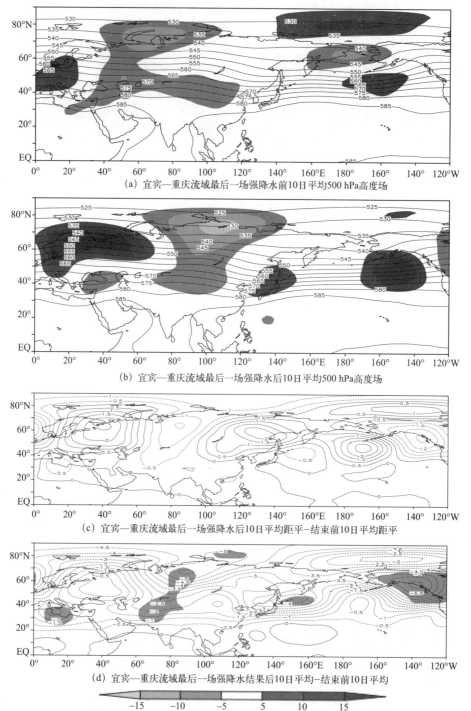

图 5.26 宜宾—重庆流域最后一场强降水结束前 10 日平均(a)、后 10 日平均(b)500 hPa 高度场及
两者距平之差(c)、平均值之差(d)图(dagpm)

(a、b 中阴影为距平值,c、d 中阴影为通过 0.05 显著性检验区域)

5.4.2.5　重庆—宜昌流域

利用时间序列,绘制重庆—宜昌流域最后一场强降水发生前 10 日平均、发生后 10 日平均 500 hPa 高度场及两者距平之差、平均值之差图(见图 5.27)。前 10 日,中国及以北大部被负距平控制;在 180°附近从北至南存在"十－十"波列分布,即极地为正距平,阿留申为负距平,北太平洋为正距平。随着西风系统东移,这些正、负距平中心位置及强度发生了变化。欧洲西部正距平向东扩展至乌拉尔山且中心强度加强;新地岛负距平东移至贝加尔湖以北;180°附近的波列消失,仅北太平洋正距平仍然维持;另外,在日本海出现了显著正距平。这两者最显著的差异仅存于华南负距平差异显著。从平均值差异看,在阿留申至中国东部这一东北—西南向地区存在着显著的高度场下降,这一位置与东亚槽位置相符,意味着强降水的发生伴随着东亚槽的一次加强西伸。

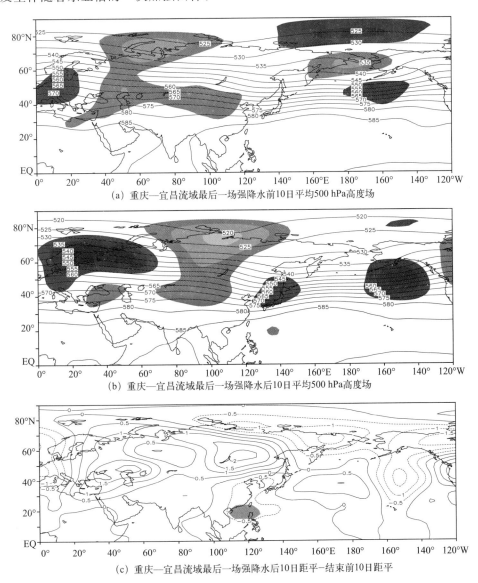

(a) 重庆—宜昌流域最后一场强降水前10日平均500 hPa高度场

(b) 重庆—宜昌流域最后一场强降水后10日平均500 hPa高度场

(c) 重庆—宜昌流域最后一场强降水后10日距平-结束前10日距平

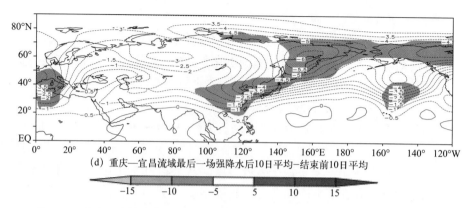

(d) 重庆—宜昌流域最后一场强降水后10日平均-结束前10日平均

图 5.27　重庆—宜昌流域最后一场强降水结束前 10 日平均(a)、后 10 日平均(b)
500 hPa 高度场及两者距平之差(c)、平均值之差(d)图(dagpm)

（a、b 中阴影为距平值，c、d 中阴影为通过 0.05 显著性检验区域）

第6章 长江流域气候预测方法及应用

6.1 延伸期预报方法及应用

6.1.1 MJO预报模型

6.1.1.1 MJO简介

延伸期预报的时间尺度约为 $10\sim30$ d,而季节低频振荡一般指时间尺度大于 $7\sim10$ d 但小于 90 d 的准周期变化。

季节内振荡在天气气候的演变中扮演了重要角色。Yasunari 在 1979 年指出印度夏季降水与热带低频振荡有关,促进了国际对季节内振荡与天气、气候事件的关系的研究。我国关于季节内振荡与天气、气候的关系研究表明,中国各区特别是中国东部地区(如长江中下游、江淮地区)的夏季降水都与大气低频振荡有关。大多数研究主要集中于 $30\sim60$ d 季节内变率对降水等天气气候事件的影响。

在 20 世纪 70 年代初,Madden 等(1971)首先发现季节内振荡存在于热带地区,并指出热带低频振荡(MJO)向东传播,周期为 $40\sim50$ d,具有纬向 1 波的全球尺度特征。如图 6.1 所示,MJO 以热带地区对流增强/减弱区的向东传播为主要特征。积云对流首先在东印度洋暖水面上形成,$10\sim20$ d 后积云对流带和低压区域东移至印尼群岛和西—中太平洋。随着积云对流东移至东太平洋冷水面上空,对流减弱甚至消失。在一定时间之后,东印度洋的对流又重建并向东移动形成新的循环。与热带对流异常相伴随,近赤道地区($15°N\sim15°S$)纬向风、海平面气压、云量、降水等亦以 $30\sim60$ d 为主要周期从西向东传播。此外,尽管 MJO 具有全球尺度特征,但在印度及西太平洋季风区表现得更为明显。

从 MJO 八个空间位相下合成的 200 hPa 流函数异常分布来看 MJO 的影响。当 MJO 活跃于热带西印度洋(3 位相)时,在印度洋、西太平洋、西北太平洋、阿留申地区出现"异常反气旋、气旋、反气旋、气旋"环流的遥相关型;伴随着 MJO 的继续东移,异常环流的波列向东北方向传播;当 MJO 东移至西太平洋(7 位相)时,上述地区则形成"异常气旋、反气旋、气旋、反气旋"环流的遥相关型。在 $2\sim5$ 位相期间,印度洋上空 200 hPa 的异常反气旋性环流自西向东移动,到 6 位相异常反气旋东移至西太平洋西部,而印度洋上空转为异常气旋控制,此后位于西太平洋上空的异常反气旋继续东移,在 8 位相移至西半球,此后重新进入 1 位相开始新的循环。除热带地区外,副热带及中高纬地区在 MJO 不同位相下亦呈现出异常环流。因此,MJO 不同位相下的异常环流均可对副热带西风急流、西太平洋副热带高压及低层环流等产生影响,从而影响中高纬的天气气候。

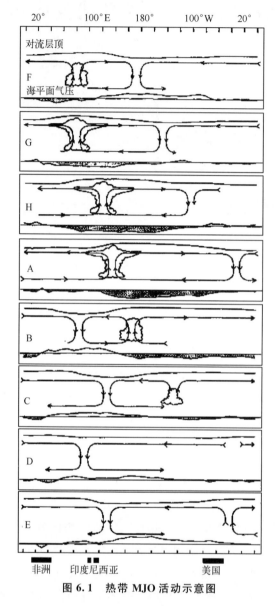

图 6.1　热带 MJO 活动示意图

使用的 MJO 指数来自澳大利亚气象局,资料长度为 1974 年至今(其中 1978 年 3 月 17 日—12 月 31 日中断)的逐日资料,该指数更新滞后 3 d。MJO 指数是一个实时的多变量的指数,它是将逐日 15°S~15°N 平均的 OLR、850 hPa 和 200 hPa 纬向风 3 个变量的前两个联合 EOF 主成分(PC)时间序列作为 MJO 指数,分别被称为 RMM1 和 RMM2,由两个系数定义构成了 MJO 对流从印度洋向太平洋的向东传播:位相 1 表示 MJO 的对流中心位于西印度洋附近,2~3 位相对流中心位于中东印度洋,4~5 位相对流中心位于中南半岛附近,6~7 位相对流中心位于西太平洋,第 8 位相对流中心位于太平洋的日界线附近(见图 6.2)。将 $\sqrt{RMM1^2+RMM2^2}<1$ 定义为弱的 MJO。

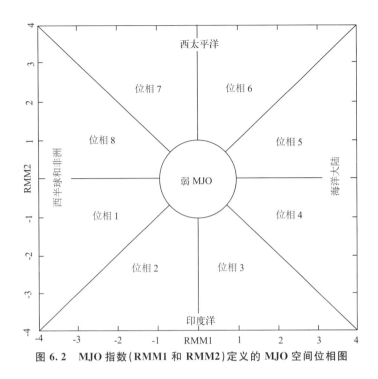

图 6.2　MJO 指数(RMM1 和 RMM2)定义的 MJO 空间位相图

6.1.1.2　MJO 对长江流域气候的影响

使用长江流域 701 个台站的逐日降水资料集,从中选取 1981—2010 年 30 年资料,进行不同月 MJO 不同位相的降水距平百分率合成。

主要方法:针对各个月,综合考虑 MJO 指数所属位相及强度,进而对降水距平进行合成,从而得到不同月份下 MJO 传播各位相长江流域降水的异常分布形势。可以看出,MJO 传播中不同阶段对长江流域降水的影响不同,MJO 强度的强弱对长江流域降水的影响也不同。

以 6 月为例,来看一下 MJO 的影响情况(见图 6.3):

(1)当 MJO 强度偏强且处于位相 1 时,降水异常偏少的区域主要位于汉江流域;降水异常偏多的区域主要位于乌江、洞庭湖流域。

(2)当 MJO 强度偏强且处于位相 2 时,降水异常偏少的区域主要位于汉江流域中下游、长江下游干流区间、三角洲平原区;降水异常偏多的区域主要位于长江上游干流区间、乌江、洞庭湖、鄱阳湖流域。

(3)当 MJO 强度偏强且处于位相 3 时,降水异常偏少的区域主要位于岷沱江、长江流域中下游干流区间和三角洲平原区;降水异常偏多的区域主要位于洞庭湖和鄱阳湖流域。

(4)当 MJO 强度偏强且处于位相 4 时,降水异常偏少的区域主要位于金沙江下游、洞庭湖北部和三角洲平原区;降水异常偏多的区域主要位于汉江、乌江、鄱阳湖和洞庭湖南部流域。

(5)当 MJO 强度偏强且处于位相 5 时,降水异常偏少的区域主要位于中游干流区间的北部至鄱阳湖北部、岷沱江的中部;降水异常偏多的区域主要位于汉江上游、长江上游干流

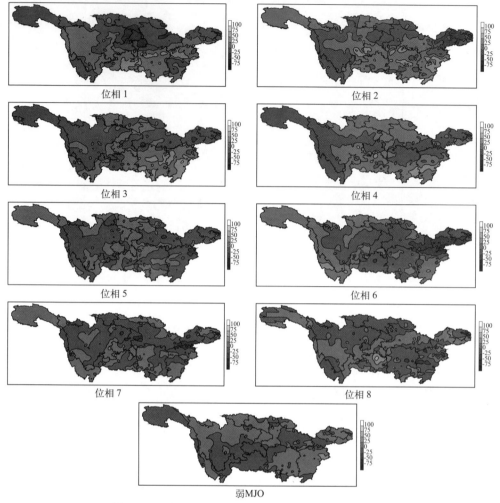

位相1　位相2

位相3　位相4

位相5　位相6

位相7　位相8

弱MJO

图 6.3　6 月降水距平百分率(同气候态的百分率)(%)

区间、乌江流域。

（6）当 MJO 强度偏强且处于位相 6 时,降水异常偏少的区域主要位于长江上游西部及中下游大部;降水异常偏多的区域主要位于金沙江、嘉陵江北部。

（7）当 MJO 强度偏强且处于位相 7 时,降水异常偏少的区域主要位于长江上游干流区间东部、中游干流区间和汉江流域南部;降水异常偏多的区域主要位于汉江流域中游北部、长江上游干流区间西部。

（8）当 MJO 强度偏强且处于位相 8 时,降水异常偏少的区域主要位于汉江、金沙江下游、鄱阳湖和洞庭湖;降水异常偏多的区域主要位于乌江、中游干流区间。

（9）当 MJO 强度偏弱时,降水异常偏少的区域主要位于乌江;降水偏多的区域主要位于鄱阳湖中部。

6.1.1.3　MJO 的预报方法

多数基于季节内振荡的延伸期预报是根据 MJO 的带通滤波信号或主模态方法进行的。

结果表明:对模型而言,一级向量自回归模型的延伸期预报(15 d)效果最好;与滞后回归模型相比,自回归模型的预报技巧没有明显优势,但自回归模型在预报中使用更为简便。因此,采用自回归模型对 MJO 开展未来 10~30 日预报。

设有一时间序列 $X=\{x_1,x_2,\cdots,x_m\}$,m 为样本量。对原始数据进行中心化处理。自回归预测方法步骤如下:

(1)构造空间重构数值 X

$$X = \begin{bmatrix} x(1) & 0 & \cdots & 0 \\ x(2) & x(1) & \cdots & \vdots \\ \vdots & x(2) & \cdots & 0 \\ x(m) & \vdots & \cdots & x(1) \\ 0 & x(m) & \cdots & x(2) \\ \vdots & \vdots & \ddots & \vdots \\ 0 & \cdots & 0 & x(m) \end{bmatrix} \tag{6.1}$$

(2)设 a 为回归系数

$$a = \begin{bmatrix} 1 \\ a(2) \\ \vdots \\ a(p+1) \end{bmatrix}, b = \begin{bmatrix} 1 \\ 0 \\ \vdots \\ 0 \end{bmatrix} \tag{6.2}$$

令 $X^H X_a = X^H_b$,得到方程:

$$\begin{bmatrix} r(1) & r(2)* & \cdots & r(p)* \\ r(2) & r(1) & & \vdots \\ \vdots & & & r(2)* \\ r(p) & \cdots & r(2) & r(1) \end{bmatrix} \begin{bmatrix} a(2) \\ a(3) \\ \vdots \\ a(p+1) \end{bmatrix} = \begin{bmatrix} -r(2) \\ -r(3) \\ \vdots \\ -r(p+1) \end{bmatrix} \tag{6.3}$$

其中 r 的计算公式为:

$$r(k) = \frac{1}{n} \sum_n x(n)x(n-k) \tag{6.4}$$

(3)求取回归系数 a

具体算法见 Levinson Durbin 算法。建立回归方程,进行预报:

$$x_{m+1} = \begin{bmatrix} r(1) & r(2) & \cdots & r(p) \end{bmatrix} \begin{bmatrix} a(2) \\ a(3) \\ \vdots \\ a(p+1) \end{bmatrix} \tag{6.5}$$

6.1.1.4 预测结果与实况对比

2013 年 7 月 20 日制作未来 30 日(7 月 21 日—8 月 9 日)MJO 预报。根据上述 MJO 自回归预报方法,计算未来 30 日 RMM1、RMM2 指数,综合 MJO 的位相预报和强度预报,找到历史上位相和强度相似的日期,采用相似合成法进行 2013 年 7 月 20 日起报的降水距平百分率合成。如图 6.4 所示,长江流域以偏少为主,乌江上游、洞庭湖西部、中游干流区间、汉江中下游降水异常偏少,偏多的区域主要位于岷沱江上游、嘉陵江。图6.5给出了该时段降水距平百分率的实况图。可见,长江流域大部以偏少为主,偏多的区域位于嘉陵江北部、岷沱江流域。从整体趋势以及多雨落区来看,预报结果与实况较为一致。

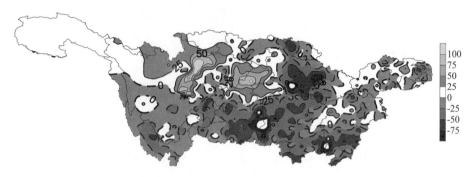

图6.4　2013年7月21日—8月9日长江流域累计降水距平百分率预报图(%)

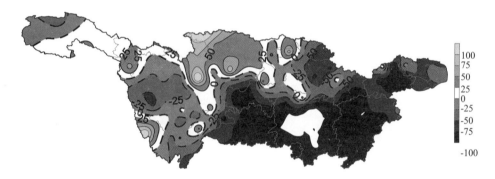

图6.5　2013年7月21日—8月9日长江流域累计降水距平百分率分布图(%)

6.1.2　L—J延伸期预报模型

Lamb—Jenkinson(L—J)分型方法是一种成熟的客观大气分型方法,利用该方法可以得到针对局地环流的客观数值描述,并从天气气候学角度来研究局地环流及其与气候变化的联系,在许多国家的区域环流分型中得到了广泛的应用。其计算方法确定,计算结果稳定,已有不少学者将其应用在长江中游地区,并证明了其适用性。

本研究将其应用于月动力延伸预测产品的模式回算资料上,在此基础上对SLP场进行分解,以确定其与湖北省降水的关系,并最终建立预报模型。

6.1.2.1　Lamb—Jenkinson大气环流分型方法简介

L—J大气环流的分型可以分为主观和客观分型两种方法,主观分型方法比较直观且容易理解,但是由于带有明显的主观性,不同的人分型结果也不尽相同,不具有可重复性。客观分型方法是以EOF、PCA等为代表的向量型分析方法,这类方法虽然具有可重复性,但是严重依赖于原始资料的长度,不同长度的资料得到的分型结果往往不尽相同。Jenkinson等通过定义指数及分类标准将L—J分类方法客观化,使其不仅具有明确的天气学意义,又具有较好的可重复性,被广泛应用于不同时间尺度的天气分型研究当中,朱艳峰等(2007)的研究分析也指出 L—J 大气环流分型方法在我国大部分地区是适用的。

利用国家气候中心下发的月动力延伸期产品中 SLP 资料,该资料逐候滚动。采用 L—J 大气环流分型方法,以距离湖北省武汉市最近的[115°E,30°N]为中心点,在[100°~130°E,20°~40°N]范围内选取 16 个点 $P(1) \sim P(16)$,具体分布见图 6.6。利用所选区域内的 16 个格点的海平面气压,通过中央差分的计算方案,得到以下 6 个环流指数:

$$u = 0.5[P(12) + P(13) - P(4) - P(5)]$$

$$v = \frac{1}{4\cos\alpha}[P(5) + 2P(9) + P(13) - P(4) - 2P(8) - P(12)]$$

$$V = \sqrt{u^2 + v^2}$$

$$\xi_u = \frac{\sin\alpha}{2\sin\alpha_1}[P(15) + P(16) - P(8) - P(9)] - \tag{6.6}$$

$$\frac{\sin\alpha}{2\sin\alpha_2}[P(8) + P(9) - P(1) - P(2)]$$

$$\xi_v = \frac{1}{8\cos^2\alpha}[P(6) + 2P(10) + P(14) - P(5) - 2P(9) - P(13) + P(3) + 2P(7) +$$

$$P(11) - P(4) - 2P(8) - P(12)]$$

$$\xi = \xi_u + \xi_v$$

式中,$P(n)(n=1,2,3,\cdots,16)$ 是第 n 个格点上的海平面气压值;α、α_1 和 α_2 分别为 C、A_1 和 A_2 点的纬度值;V 是地转风,u、v 分别为地转风的纬向分量和经向分量;ξ 是地转涡度,ξ_u 是 u 的经向梯度,ξ_v 是 v 的纬向梯度。以中心点所在纬度为参照系,6 个环流指数的单位是 hPa/(10°lon),地转风的方向可由 u、v 确定,气旋及反气旋可由 ξ 确定。根据地转风速、风向及涡度值将环流共划分为 27 种类型,分型标准及相应类型见表 6.1。

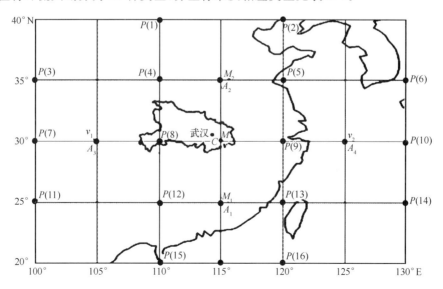

图 6.6　16 个差分格点分布图

表 6.1　L—J 环流分型表

$|\xi|\leqslant V$（平均气流型）	$|\xi|\geqslant 2V$（旋转型）	$V<|\xi|<2V$（混合类）	$V<6$ 并且 $|\xi|<6$
N,NE,E SE,S,SW, W,NW	A C	CN,CNE,CE,CSE,CS,CSW CW,CNW,AN,ANE,AE, ASE,AS,ASW,AW,ANW	UD

注：N：北；NE 东北；E：东；SE：东南；S：南；SW：西南；W：西；NW：西北；A：反气旋；C：气旋；UD：无定义型。

6.1.2.2　建立模型

根据 L—J 分型方法给出的公式，模型的建立共分为以下四个步骤：

将月动力延伸模式产品回算资料的 SLP 场进行分解，利用 L—J 分型方法计算以上特征量；

将历年逐日回算特征量与其对应降水进行相关分析和信度检验，以确定预报因子；

利用回归方法，建立预报模型；

对预报模型进行检验，并通过检验结果调整预报模型，直至模型稳定。

6.1.2.3　L—J 预报结果与检验

图 6.7、图 6.8 给出武汉站、荆门站 8 月降水量预报与实况。2013 年 8 月 6 日起报，预报时段为 8 月 11 日—9 月 10 日。从武汉站来看，预报有 4 次降水过程，发生在 8 月 22—24 日、8 月 30 日、9 月 2—4 日、9 月 7 日。对应实况看，实际发生 3 次降水过程，8 月 22—25 日、8 月 29 日、9 月 3—8 日。从日期上看，预报日期与实况有 1 日的差异，另外，9 月上旬的过程预报分为两个时段，但实际上仅为一次降水过程。从荆门站来看，预报有 4 次降水过程，发生在 8 月 17—19 日、8 月 22—23 日、8 月 30—31 日、9 月 2 日。对应实况看，实际发生 4 次降水过程，发生在 8 月 18 日、8 月 23—25 日、8 月 29 日、9 月 2 日、9 月 7 日。从日期上看，预报日期与实况有 1 日的差异，另外，9 月上旬有一持续性降水过程没有报出来。另外，无论是武汉站还是荆门站，预报与实况在量级上的差异较大。

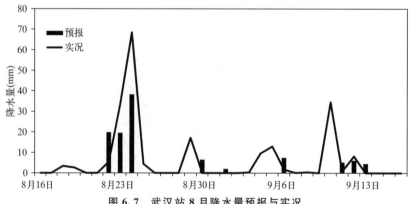

图 6.7　武汉站 8 月降水量预报与实况

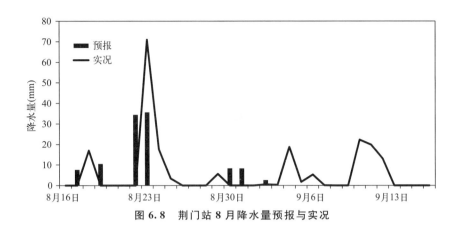

图 6.8 荆门站 8 月降水量预报与实况

6.2 动力与统计相结合预测方法及应用

短期气候预测主要有两种方法,即物理统计方法和数值模式的动力学方法。二者都有优势和各自的缺陷。总体来看,动力季节预报虽然被寄予厚望,但实际效果并不很理想。普遍的共识是:统计学方法与动力学方法要相互借鉴,取长补短,融合发展(丑纪范,2003)。围绕如何更有效结合的问题,国外开展了广泛的研究(Thomas,1970;Mo et al,2002;Tippett et al,2005)。我国学者顾震潮(1958)很早就提出将数值预报从初值问题改为演变问题,从而可以利用近期实况演变资料,并指出了数值天气预报中使用历史资料的重要性和可行性;丑纪范(1986)从原则上讨论了在长期预报中实现动力和统计相结合的做法。围绕统计和动力相结合的问题,基于不同原理的动力统计相结合的预报方法被提出,例如使用过去演变资料的多时刻预报方法(郑庆林 等,1973;丑纪范,1974)、相似动力方法(邱崇践 等,1989;黄建平 等,1991;Huang et al,1993)、基于大气自记忆原理的方法(曹鸿兴,1993;谷湘潜 等,1998;Feng et al,2001;封国林 等,2001;鲍名 等,2004)等,数值试验证明这些方法都显示了一定的预报技巧。

近年来,随着观测资料的增多和模式性能的不断改进,短期气候预测得以快速发展(任宏利 等,2005,2007;郑志海 等,2009),但目前的业务水平依然不高,仍需进一步提升预报水平(王绍武,2001;Anthony et al,2005;任宏利 等,2007)。目前,中国气象局国家气候中心(NCC)已经建立了包含季节尺度在内的短期气候预测业务系统(丁一汇 等,2002;李维京 等,2005),从其多年平均的预报评分看来,预报技巧还不高(郑志海 等,2009)。本研究的目的就是将当前国内先进的动力模式预报结果应用于长江流域关键期气候预测,从反问题的角度通过对历史资料中有用信息的有效利用,来提高该模式在长江流域的预报水平。

6.2.1 相似—动力的基本原理

一般来讲,数值预报是作为偏微分方程的初值问题提出来的,可表示为

$$\begin{cases} \dfrac{\partial \psi}{\partial t} + L(\psi) = 0 \\ \psi(x, t_0) = \psi_0(x) \end{cases} \tag{6.7}$$

式中，$\psi(x,t)$ 为模式预报变量；x 和 t 分别表示空间坐标向量和时间；L 是 ψ 的微分算子，对应于实际的数值模式；t_0 为初始时刻，ψ_0 为初值。$t > t_0$ 时刻可由初值进行数值积分得到 ψ 或者其泛函 $P(\psi)$。实际大气所满足的模式表示为：

$$\frac{\partial \psi}{\partial t} + L(\psi) = E(\psi) \tag{6.8}$$

式中，E 为模式的误差算子，反映模式中未知的总误差项，即模式误差。从动力学观点来看，我们所掌握的历史资料就是满足式(6.7)的一系列特解。

数值模式是大气实际行为的一种近似，现有的模式离足够精确还相距甚远，多年来人们一直在努力使模式尽可能精确完善。这种努力一般是从正面来进行的，即考虑如何使模式具有更可靠的物理基础及更精确的数值方法，以此来减小模式误差 $E(\psi)$。但无论模式怎样发展，误差仍将是客观存在和相当可观的。实际上，尽管我们无法知道控制大气运动的精确方程，但我们所掌握的大量观测资料实际上是满足大气运动方程的一系列特解。因此，可从反问题的角度利用这些观测资料所提供的信息来弥补模式的缺陷，达到减小模式误差的目的。

大气是一个强迫耗散的非线性系统，存在着系统状态向外源适应。长期业务预报的经验表明，在相似的初始场和边界条件下，大气状况的演变往往也相似。因此，对于任一初值 ψ，可考虑使用与 ψ 相似的历史实况 $\tilde{\psi}$ 所提供的模式误差信息，把预报场视为叠加在历史相似上的一个小扰动，引入历史相似对应的预报误差信息来估计当前的模式预报误差，将动力预报问题转化为模式预报误差的估计问题。

6.2.2 研究方案

一般而言，不同流域其汛期降水的形成机制也不同，也就是说，影响其汛期降水的因子不一样。而且，即使同一外强迫，由于对物理过程认识不足，物理参数化方案缺陷等内在因素的影响，在不同流域模式对其响应可能也会千差万别，从而导致模式预报误差在不同流域的不同。然而，对于同一流域，在外强迫相似的条件下，由于大气有向外强迫适应特征，模式误差也存在一定相似，由此，可以通过相似误差对模式预报结果进行订正从反问题角度来弥补模式缺陷。本工作基于相似—动力基本原理，旨在对长江流域关键期降水模式预报误差进行相似订正，以提高模式对长江流域关键期降水预报准确率。图 6.9 为最优多因子动态配置相似—动力汛期降水预测流程图。

资料：将美国 CMAP (CPC Merged Analysis of Precipitation)降水分析资料和长江流域站点月降水量资料作为实况观测资料；模式资料采用中国气象局国家气候中心海气耦合模式 CGCM。

预报因子：来自国家气候中心气候系统诊断预报室的 74 项环流指数及美国国家海洋和大气管理局(NOAA)的 40 项气候指数。

首先，基于 CMAP 资料和 NCC 季节预报业务模式预报结果得到汛期降水模式预报误

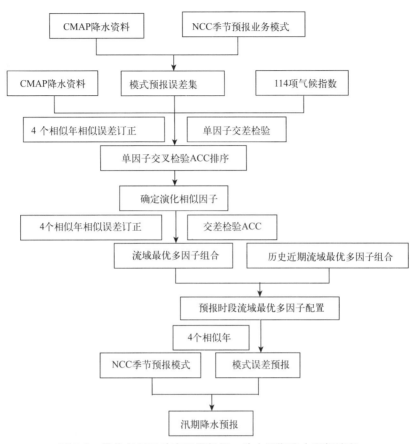

图 6.9　最优多因子动态配置相似—动力汛期降水预报流程

差集;其后将 114 项指数作为 1368 个影响因子,基于相似—动力基本原理,选取 4 个相似年,对每个影响因子都进行单因子交叉检验预报试验,给出单因子交叉检验 ACC 排序;针对单因子交叉检验 ACC 排序,确定主导因子及演化相似因子集;对存在演化相似因子进行组合配置试验,通过交叉检验 ACC 得到流域预报年前期最优多因子组合,结合历史近期最优多因子组合得到预报时段内稳定关键最优多因子配置;最后进行模式误差预报并对模式预报结果进行订正给出订正后模式预报结果(熊开国 等,2012)。以 2009 年汛期降水相似动力预报为例介绍固定因子预报因子选取过程:

第一步:单因子交叉检验选取影响区域汛期降水因子 ACC 排序。

针对单因子对 1983—2006 年、1983—2007 年和 1983—2008 年 3 个时段进行交叉检验,给出每个时段单因子交叉检验 ACC 排序。

第二步:流域主导因子的确定。

从 3 个时段单因子交叉检验 ACC 排序中确定至少一个对提高流域汛期降水预测 ACC 有较大贡献的主导因子。

第三步:确定演化相似因子。

首先,在单因子交叉检验 ACC 排序中选取那些相似误差订正预报 ACC 大于系统误差订正预报的因子;然后在选出的因子中搜索属于相同气候指数的因子,若有多个因子同属于一气候指数,则认为这个气候指数存在演化相似,也即若对于一个气候指数,在其所属的因子中有多个因子对提高汛期降水预报有技巧则认为此气候指数存在演化过程相似,从而将对提高汛期降水预报最有技巧的因子视为演化相似因子。

第四步:最优多因子配置的确定。

基于每个时段演化相似因子集,寻找最优因子组合,使得此时段交叉检验 ACC 值达到最高。在每个时段最优多因子组合中取相同的因子即交集,建立该区域优化组合因子集,确定最优多因子配置,此最优多因子配置即 2009 年固定预报因子。

对于多因子组合的选取,随着因子个数的增多,自由度明显增大,以致计算量显著增加。此外,噪声问题及因子间的相关关系会导致误差的非线性增长,而研究表明(Mo et al, 2002),通过 EOF 方法能有效压缩自由度同时消除部分噪声的影响,本质上降低了因子场的维度。

对多因子的标准化场 $\psi_{m \times n}$ 进行 EOF 分解:

$$\psi_{m \times n} = V_{m \times n} T_{n \times n} \tag{6.9}$$

式中,m、n 分别为时空维度,$V_{m \times n}$ 为标准化正交基(场),$T_{n \times n}$ 为时间系数(主分量)。为简单起见,可由累积解释方差大于一定阈值的前 $h (h < m)$ 个主分量来反映原变量场变化的大部分信息,以此压缩因子场的维数。本文取累积方差贡献率达到 80% 时的 EOF 主分量个数,即

$$\psi_{m \times n} = V_{m \times n} T_{n \times n} \approx V_{m \times h} T_{h \times n} \tag{6.10}$$

6.2.3 应用实例

6.2.3.1 长江流域消落期(5 月)降水预报

基于 CGCM 模式 2 月起报模式预报降水、CMAP 降水和国家气候中心 74 项环流指数及 NOAA 40 项气候指数,采用动力统计相结合方法,通过确定影响长江流域 5 月降水模式预报误差的主导因子、演变相似因子及最优因子配置途径,对该流域 5 月降水进行独立样本检验预报试验(见图 6.10)。模式系统误差订正预报长江流域 5 月 2002—2012 年 11 年的平均 ACC 为 -0.07,动力统计预报较模式预报有一定的改进,其 11 年的平均 ACC 为 0.13,符号一致率较好的区域主要位于嘉陵江流域北部、汉江流域西部、金沙江流域南部和长江流域中游干流区间。

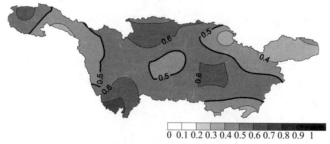

0 0.1 0.2 0.3 0.4 0.5 0.6 0.7 0.8 0.9 1

(a) 距平符号一致率

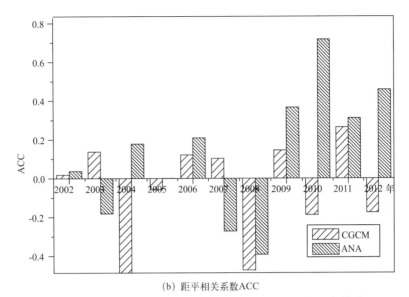

(b) 距平相关系数ACC

图 6.10　长江流域消落期(5 月)降水动力—统计预报回报检验

图 6.11 为 2013 年 5 月长江流域降水动力—统计预报实际预报和实况对比图。除在岷沱江流域、嘉陵江流域和汉江流域预报和实况相反,长江流域大部预报和实况都较为一致,特别在金沙江上游和长江流域中下游的大部分地方,动力—统计预报方法预报的降水异常强度也和实况一致。

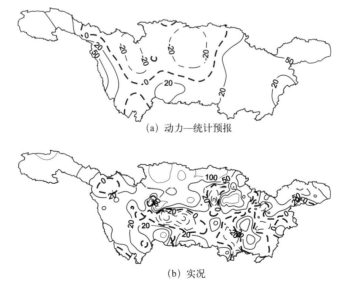

(a) 动力—统计预报

(b) 实况

图 6.11　2013 年消落期(5 月)长江流域降水动力—
统计预报(a)和实况(b)

6.2.3.2　长江流域汛期降水预报

汛期(6—8 月)长江流域降水动力—统计预报采用的模式资料是 CGCM 模式 4 月起报结果。模式系统误差订正预报长江流域汛期 2002—2012 年 11 年的平均 ACC 为 0.02,动力统计预报近 11 年的平均 ACC 为 0,符号一致率较好的区域主要位于金沙江流域、嘉陵江流域上游、岷沱江流域上中游和汉江流域(见图 6.12)。

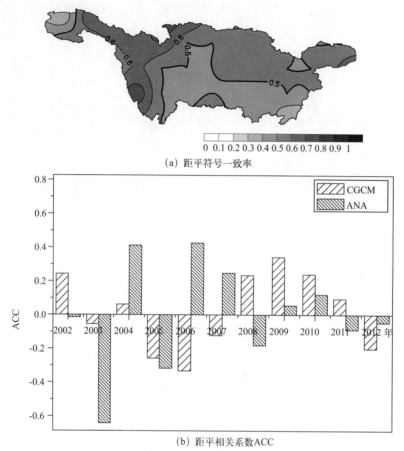

(a) 距平符号一致率

(b) 距平相关系数ACC

图 6.12　长江流域汛期(6—8 月)降水动力—统计预报回报检验

　　2013 年长江流域汛期降水除岷沱江流域下游、嘉陵江流域大部降水偏多外,其他大部偏少。动力—统计预报在长江流域上游和实况较为一致(见图 6.13),特别是在金沙江流域,预报和实况基本一致。动力—统计预报长江中下游、岷沱江流域上游、嘉陵江流域上游和汉江流域上游西部降水偏多,其他地区降水偏少。因此,动力—统计预报 2013 年汛期降水和实况的差异主要位于长江中下游区域。

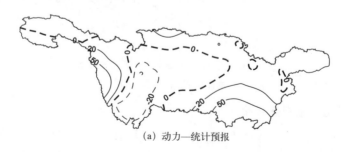

(a) 动力—统计预报

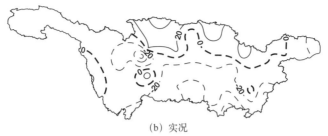

(b) 实况

图 6.13　2013 年汛期(6—8 月)长江流域降水动力—
统计预报(a)和实况(b)

6.2.3.3　长江流域蓄水期降水预报

　　长江流域蓄水期(9—11 月)降水动力—统计预报采用的模式资料是 CGCM 模式 7 月起报结果。模式系统误差订正预报长江流域 9—11 月 2002—2012 年 11 年的平均 ACC 为 −0.17,动力统计预报近 11 年的平均 ACC 为 0.09,符号一致率较好的区域主要位于金沙江流域上游、岷沱江流域和乌江流域(见图 6.14、图 6.15)。

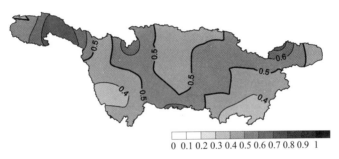

0 0.1 0.2 0.3 0.4 0.5 0.6 0.7 0.8 0.9 1

(a) 距平符号一致率

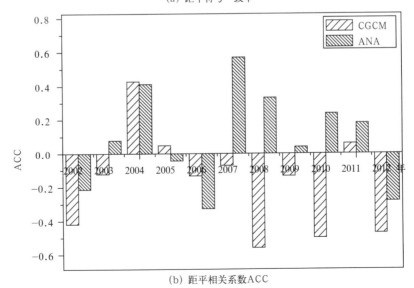

(b) 距平相关系数ACC

图 6.14　蓄水期(9—11 月)长江流域降水动力—统计预报回报检验

图 6.15　2013 年蓄水期(9—11 月)长江流域降水动力—统计预报

6.2.3.4　长江流域供水期降水预报

长江流域供水期(12 月至翌年 4 月)降水动力—统计预报采用的模式资料是 CGCM 模式 9 月起报结果。模式系统误差订正预报长江流域 12 月至翌年 4 月 2002—2012 年 11 年的平均 ACC 为 0.06,动力统计预报近 11 年的平均 ACC 为 0.21,符号一致率较好的区域主要位于金沙江流域下游、长江中下游干流区间、洞庭湖水系和鄱阳湖水系(见图 6.16)。

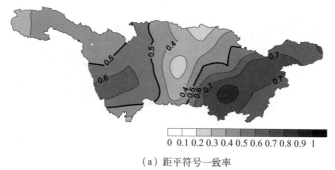

（a）距平符号一致率

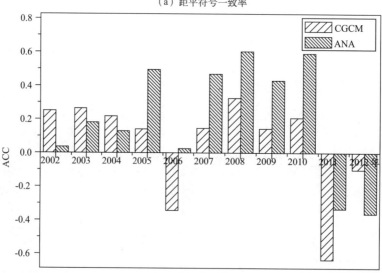

（b）距平相关系数 ACC

图 6.16　长江流域供水期(12 月至翌年 4 月)降水动力—统计预报回报检验

6.3 模式降尺度预测方法及应用

6.3.1 奇异值分解(SVD)

6.3.1.1 原理

设有 x、y 两个场,称为左场和右场,分别包括 p 和 q 个空间格点,有 n 次经过方差标准化处理的观测值,用矩阵表示为:

$$X = \begin{bmatrix} x_{11} & x_{12} & \cdots & x_{1n} \\ x_{21} & x_{22} & \cdots & x_{2n} \\ \vdots & \vdots & & \vdots \\ x_{p1} & x_{p2} & \cdots & x_{pn} \end{bmatrix} \qquad Y = \begin{bmatrix} y_{11} & y_{12} & \cdots & y_{1n} \\ y_{21} & y_{22} & \cdots & y_{2n} \\ \vdots & \vdots & & \vdots \\ y_{q1} & y_{q2} & \cdots & y_{qn} \end{bmatrix} \tag{6.11}$$

设左场 x 为预报对象场,右场 y 为因子场。由 SVD,我们可找到两个正交线性变换矩阵 L 和 R,使得

$$\text{cov}(L^{\mathrm{T}}X, R^{\mathrm{T}}Y) = \max \tag{6.12}$$

式中,$L^{\mathrm{T}}X = A$,称为左场时间系数矩阵,$R^{\mathrm{T}}Y = B$,称为右场时间系数矩阵。L 和 R 的第 k 列向量分别称为第 k 左、右奇异向量。

$$L = \begin{bmatrix} l_{11} & l_{12} & \cdots & l_{1p} \\ l_{21} & l_{22} & \cdots & l_{2p} \\ \vdots & \vdots & & \vdots \\ l_{p1} & l_{p2} & \cdots & l_{pp} \end{bmatrix} \qquad R = \begin{bmatrix} r_{11} & r_{12} & \cdots & r_{1q} \\ r_{21} & r_{22} & \cdots & r_{2q} \\ \vdots & \vdots & & \vdots \\ r_{q1} & r_{q2} & \cdots & r_{qq} \end{bmatrix}$$

$$\tag{6.13}$$

$$A = \begin{bmatrix} a_{11} & a_{12} & \cdots & a_{1n} \\ a_{21} & a_{22} & \cdots & a_{2n} \\ \vdots & \vdots & & \vdots \\ a_{p1} & a_{p2} & \cdots & a_{pn} \end{bmatrix} \qquad B = \begin{bmatrix} b_{11} & b_{12} & \cdots & b_{1n} \\ b_{21} & b_{22} & \cdots & b_{2n} \\ \vdots & \vdots & & \vdots \\ b_{q1} & b_{q2} & \cdots & b_{qn} \end{bmatrix}$$

SVD 同时对左、右场的 p 和 q 个变量实施不同的变换,得到的新变量——时间系数具有这样的优良性质:左场(或右场)时间系数仅与同序号的右场(或左场)时间系数协方差不为 0,其余均为 0,也即左场(或右场)时间系数仅与右场(或左场)同序号时间系数相关系数不为 0,其余均为 0。时间系数是按其成对的协方差大小排列的,且大协方差一般集中在前 N 对上,$N \leqslant \min(p, q)$,余下的协方差较小。因此,可选取前 N 对时间系数,这前 N 对时间系数的相互关系就可在很大程度上代表两场的相互关系,分析左、右两场 p 个变量与 q 个变量随时间相互变化的众多关系变为分析这 N 对时间系数随时间相互变化的简单关系,不仅使问题大大简化,且突出了重点。

EOF 能将数据场分解为不随时间变化的空间函数(特征向量)以及只依赖时间变化的时间系数(主分量),利用方差集中在前 N 个主要分量的特征,用前 N 对空间函数和时间系数的线性组合构成对原场的估计,略去原场中方差较小分量,保留较大分量,由于正交变换

不改变场的总方差,因此,估计场保留了原场大部方差,反映了原场的主要特征。若 N 取得足够大,越接近原场格点数 p,越能以高精度逼近原场,特别地,若 $N=p$,则估计场完全等同于原场。

既然 EOF 为 SVD 的特例,它们都是对原场实施正交线性变换,且在 SVD 中,考虑到右场为因子场,其预测时刻 $(n+1)$ 时间系数可由下式得到:

$$\begin{bmatrix} b_{1,n+1} \\ b_{2,n+2} \\ \vdots \\ b_{q,n+1} \end{bmatrix} = \begin{bmatrix} r_{11} & r_{12} & \cdots & r_{1q} \\ r_{21} & r_{22} & \cdots & r_{2q} \\ \vdots & \vdots & & \vdots \\ r_{q1} & r_{q2} & \cdots & r_{qq} \end{bmatrix} \begin{bmatrix} y_{1,n+1} \\ y_{2,n+2} \\ \vdots \\ y_{q,n+1} \end{bmatrix} \tag{6.14}$$

由简单关系可能实现右场时间系数对左场时间系数预测,由此我们自然想到,能否由右场足够多的时间系数,预测左场时间系数,这些左场时间系数和左奇异向量线性组合构成对原场的估计,从而实现右场对左场的定量预测。

设前 N 对时间系数累积协方差占两场协方差大部,若时间系数间存在线性关系,有

$$a_k = c_{0k} + c_{1k}b_k。$$

式中,$k=1,2,\cdots,N$;c_{0k}、c_{1k} 为待定系数,a_k、b_k 分别为第 k 左场和右场时间系数。可实现对 a_k 的预测。另一方面,由 $LTX=A$,注意到 L 为正交矩阵,则有 $X=LA$,即 $N=p$ 时

$$\begin{bmatrix} x_{11} & x_{12} & \cdots & x_{1n} \\ x_{21} & x_{22} & \cdots & x_{2n} \\ \vdots & \vdots & & \vdots \\ x_{p1} & x_{p2} & \cdots & x_{pm} \end{bmatrix} = \begin{bmatrix} l_{11} & l_{12} & \cdots & l_{1N} \\ l_{21} & l_{22} & \cdots & l_{2N} \\ \vdots & \vdots & & \vdots \\ l_{p1} & l_{p2} & \cdots & l_{pN} \end{bmatrix} \begin{bmatrix} a_{11} & a_{12} & \cdots & a_{1n} \\ a_{21} & a_{22} & \cdots & a_{2n} \\ \vdots & \vdots & & \vdots \\ a_{N1} & a_{N2} & \cdots & a_{Nn} \end{bmatrix} \tag{6.15}$$

当 $N<p$ 时,上式中"$=$"应改写为"$\cong$"。

若外推(预测)1 个样本,则预报公式为:

$$\begin{bmatrix} x_{1,n+1} \\ x_{2,n+2} \\ \vdots \\ x_{p,n+1} \end{bmatrix} = \begin{bmatrix} l_{11} & l_{12} & \cdots & l_{1N} \\ l_{21} & l_{22} & \cdots & l_{2N} \\ \vdots & \vdots & & \vdots \\ l_{p1} & l_{p2} & \cdots & l_{pN} \end{bmatrix} \begin{bmatrix} a_{1,n+1} \\ a_{2,n+1} \\ \vdots \\ a_{N,n+1} \end{bmatrix} \tag{6.16}$$

将预测得到的 $a_{1,n+1},a_{2,n+1},\cdots,a_{N,n+1}$ 代入式(6.16),即可得到左场预测值 $x_{1,n+1},x_{2,n+1},\cdots,x_{p,n+1}$。

6.3.1.2 实例

先对 1983—2013 年海气耦合模式输出 6—8 月平均 $[90°\sim130°E,15°\sim45°N]$ 的 500 hPa 高度场(分辨率 2.5°×2.5°)、1983—2012 年 6—8 月长江流域雨量场分别进行方差标准化,其中 1983—2012 年用于 SVD,2013 年为预报预留。

用方差标准化了的国家气候中心海气耦合模式输出 6—8 月平均 $[90°\sim130°E,15°\sim45°N]$ 的 500 hPa 高度场为右场,6—8 月长江流域雨量场为左场,进行 SVD 分析。

定义 1983—2012 年训练年段内平均每年区域内距平符号拟合正确的站数为目标函数。这样设计的目标函数,可直接使由预报的降水场时间系数反演的降水场距平符号拟合正确的站次尽可能地多,而不是由预报的降水场时间系数尽可能接近历史的降水场时间系数,然

后间接使距平符号拟合正确的站次多。由已知的历史样本,用 GA 算法完成这一非线性优化问题,确定预报公式。

将海气耦合模式输出 6—8 月平均[90~130°E,15~45°N]的 500 hPa 高度场 2013 年时间系数代入预报公式,得到预报的 6—8 月长江流域雨量场 2013 年时间系数,乘以对应空间函数,即可得到 6—8 月长江流域雨量场预测值(见彩图 6.17)。

图 6.17(彩)　2013 年 6—8 月长江流域雨量场预测值

6.3.2　人工神经网络

6.3.2.1　前向网络

人工神经网络是由大量处理单元广泛互连而成的网络,是人脑神经系统的某种模拟。前向网络是人工神经网络的一种,它通过简单非线性处理单元的复合映射以获得处理非线性问题的能力。对于三层前向网络,若 $a_{ij}^{(2)}$ 表示第 2 层(隐层)第 j 个神经元与第 3 层(输出层)第 i 个神经元的连接权,$b_{ij}^{(1)}$ 表示第 1 层(输入层)第 j 个神经元与第 2 层第 i 个神经元的连接权,$N^{(1)}$、$N^{(2)}$、$N^{(3)}$ 分别为第 1 层、第 2 层、第 3 层神经元(节点)数,$w_i^{(1)}$、$w_i^{(2)}$ 分别为输入层到隐层、隐层到输出层的阈值,$x_i^{(2)}$ 为第 2 层输出,则外界输入 $u_j(j=1,2,\cdots,N^{(1)})$ 和网络输出 $y_i^{(3)}$ 的关系可表为:

$$x_i^{(2)} = \sum_{j=1}^{N^{(1)}} b_{ij}^{(1)} u_j + w_i^{(1)}, \quad i=1,2,\cdots,N^{(2)} \tag{6.17}$$

$$y_i^{(3)} = \sum_{j=1}^{N^{(2)}} a_{ij}^{(2)} g(x_j^{(2)}) + w_i^{(2)}, \quad i=1,2,\cdots,N^{(3)} \tag{6.18}$$

式中,$g(r)=\dfrac{1}{1+e^{-r}}$。

6.3.2.2　学习训练

网络结构确定后,就要由已知的样本反复调节各层各神经元的连接权和阈值,直至使预先设计的代价函数极小化,这个过程就称为网络的学习训练。BP 算法是前向网络经典的学习算法,它对前向网络的发展起历史性的推动作用。在众多领域,包括气象科学,BP 算法得到了广泛的应用。然而,对于网络学习训练如此复杂的非线性优化问题,一般不能保证代价函数的正定性,代价函数往往存在多个分布无规则的局部极小点。BP 算法实为一种梯度下降法,算法每次都是向改进解的方向,即负梯度方向,搜索。这是使代价函数值在当前邻域内下降最快的方向,其步长依学习率而定。因此,这种算法不能在全局范围内搜索最优解,易陷入局部极小,对初值依赖较大,不能满足应用的高要求。

为此我们引入遗传算法(Genetic Algorithms,简称 GA)取代传统的 BP 算法。GA 是近年受生物进化论启发提出的一种基于"适者生存"的高度并行、随机和自适应的新颖优化算法。它的两个最显著的特点就是隐含并行性和全局解空间搜索,为高质量的网络学习训练创造了条件。

6.3.2.3 代价函数设计

实质上,网络学习训练就是确定连接权和阈值,使代价函数极小(或极大)化。因此,代价函数的设计对于网络学习训练起着至关重要的导向作用,直接决定着网络的性能。若代价函数设计不当,还有可能误导网络学习训练过程。因而代价函数的形式,及其参数的确定本身也是一个复杂的优化问题,理论上难以解决,目前只能较多地依赖于经验。一般应用而言,代价函数常取为

$$E = \sum_{i=1}^{n} (z_i - z_i^0)^2 \qquad (6.19)$$

式中,z_i 为网络输出,z_i^0 为期望输出,即预测对象值,n 为训练样本个数。使人工构造的神经网络输出最大可能地接近预测对象值本身,数值拟合误差最小。但由于现有气候模式技术水平的局限,使我们不可能高精度地预测出气象要素值本身。在这种情形下,区域内距平符号预测正确的站数 N_0 就显得格外重要,它用下面技巧评分公式中最重要的参数来进行定性预测。

$$S = \frac{N_0 - N'}{N - N'} \times 100\% \qquad (6.20)$$

式中,N 为总站数,N' 为随机预测正确的站数。显然,N_0 是关于 $a_{ij}^{(2)}$、$b_{ij}^{(1)}$、$w_i^{(1)}$、$w_i^{(2)}$ 的函数,因此,选取 N_0 为代价函数。

注意到 N_0 为不连续函数,无法求得导数。BP 算法需要代价函数的导数(梯度)信息,因此,BP 算法不可能完成这类网络学习训练。而 GA 算法是一种随机优化算法,并不需要代价函数的导数信息,不受其有无导数的影响,仍可完成网络学习训练。这也是引入 GA 算法取代 BP 算法的另一个重要原因。

6.3.2.4 实例

气候模式预报产品回算样本极为有限,构造复杂网络将增加待定参数数目,降低网络的泛化能力。我们构造简单的 3 层前向网络,即输入层、隐层和输出层,隐层取 2 个节点。为使输入、输出信号既含有大量信息,且随机波动小,个数又不至于太多,我们分别选取模式 500 hPa 预报场主分量为外界输入信号,同期各关键期长江流域雨量场主分量为网络输出信号。EOF 前先对 500 hPa 场、降水场每个格点(测站)分别进行方差标准化(平均值对应不同的时段)。将 1983—2013 年海气耦合模式 6—8 月平均[90°～130°E,15°～45°N]的 500 hPa 高度场(分辨率 2.5°×2.5°)进行自然正交函数展开,分别提取第 1、2 主分量,其中 1983—2012 年用于网络学习训练,2013 年为预报预留。再将 1983—2012 年 6—8 月降水场自然正交函数展开,提取第 1、2 主分量。

定义 1983—2012 年训练年段内平均每年区域内距平符号拟合正确的站数为代价函数,
这样设计的代价函数,可直接使由网络输出(降水场主分量)反演的降水场距平符号拟合正
确的站次尽可能地多,而不是由网络输出尽可能接近降水场主分量,然后间接使距平符号拟
合正确的站次多。由已知的历史样本反复调节各层各神经元的连接权和阈值,直至使训练
年段内平均每年区域内距平符号拟合正确的站数最大化,完成建立输入与输出非线性关系
的映射。事实上,这就是非线性优化问题,我们用 GA 算法完成这一非线性优化问题,也即
网络学习训练。

经学习训练,使 1983—2012 年平均每年区域内距平符号拟合正确的站数最大,最后将
预测的 2013 年 6—8 月长江流域雨量场主分量(网络输出信号)和对应空间函数线性组合即
可得到降水场(见彩图 6.18)。

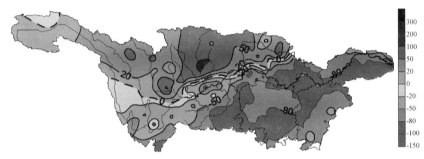

图 6.18(彩)　2013 年 6—8 月长江流域雨量预报场

参考文献

鲍名,倪允琪,丑纪范. 2004. 相似－动力模式的月平均环流预报试验[J]. 科学通报,**49**(11):1112-1115.

曹鸿兴. 1993. 大气运动的自忆性方程[J]. 中国科学 B 辑,**23**(1):104-112.

长江岩土工程总公司,长江三峡勘测研究院.2012.长江水利委员会大中型水利水电工程技术丛书:长江流域水利水电工程地质[M].北京:中国水利水电出版社.

陈文. 2002.El Niño 和 La Niña 事件对东亚冬、夏季风循环的影响[J]. 大气科学,**26**(5):595-610.

丑纪范. 2003. 短期气候预报的现状问题与出路(一)[J]. 新疆气象,**26**(1):1-4.

丑纪范. 1974. 天气数值预报中使用过去资料的问题[J]. 中国科学,(6):635-644.

丑纪范. 1986. 为什么要动力－统计相结合?－兼论如何结合[J]. 高原气象,**5**(4):367-372.

丁一汇,刘一鸣,宋永加,等. 2002. 我国短期气候动力预报模式系统的研究及试验[J]. 气候与环境研究,**7**(2):236-246.

范兴海,等.1999.长江中下游地区气象灾害特点及防灾方法探讨[J].湖北气象,(3):25-27.

封国林,曹鸿兴,魏风英等. 2001. 长江三角洲汛期预报模式的研究及其初步应用[J]. 气象学报,**59**(2):206-212.

高辉,王永光. 2007.ENSO 对中国夏季降水可预测性变化的研究[J]. 气象学报,**65**(1):131-137.

龚道溢,何学兆. 2002.西太平洋副热带高压的年代际变化及其气候影响[J].地理学报,**57**(2):185-193.

龚道溢,王绍武,朱锦红. 2000. 1990 年代长江中下游地区多雨的机制分析[J]. 地理学报,**55**(5):567-575.

谷湘潜. 1998. 一个基于大气自忆原理的谱模式[J]. 科学通报,**43**(1):1-9.

顾震潮. 1958. 天气数值预报中过去资料的使用问题[J]. 气象学报,**29**(3):176-184.

郭其蕴. 1983.东亚夏季风强度指数及其变化的分析[J].地理学报,**38**(3):207-216.

何金海,陈丽臻.1988.南北半球环流的准 40 天振荡与夏季风降水预报的可能途径[J]. 低纬高原天气,(1):38-49.

黄建平,王绍武. 1991. 相似－动力模式的季节预报试验[J]. 中国科学 B 辑,(2):216－224

黄荣辉,陈际龙,周连童,等. 2003.关于中国重大气候灾害与东亚气候系统之间关系的研究[J]. 大气科学,**27**(4):770-787.

黄忠恕.2003.长江流域历史水旱灾害分析[J].人民长江,**34**(2):1-3.

蒋尚城,温士顿.1989.长江流域旱涝的 OLR 特征[J].气候学报.**47**(4):479-483.

况雪源,张耀存. 2006. 东亚副热带西风急流位置异常对长江中下游夏季降水的影响[J]. 高原气象,**25**(3):382-389.

李江南,蒙伟光,王安宁,等.2003.西太平洋副热带高压强度和位置的气候特征[J].热带地理,**23**(1):35-39.

李维京,张培群,李清泉,等. 2005. 动力气候模式预报系统业务化及其应用[J]. 应用气象学报,**16**(增刊):1-11.

梁萍,陈隆勋,何金海. 2008.江淮夏季典型旱涝年的水汽输送低频振荡特征[J]. 高原气象,**27**(S1):84-91.

柳艳香,赵振国,朱艳峰. 2008. 2000 年以来夏季长江流域降水异常研究[J]. 高原气象,**27**(4):807-813.

毛江玉,吴国雄.2005.1991 年江淮梅雨与副热带高压的低频振荡[J].气象学报,**63**(5):762-770.

邱崇践,丑纪范.1989.天气预报的相似－动力方法[J].大气科学,13(1):22-28.

任宏利,丑纪范.2007.动力相似预报的策略和方法研究[J].中国科学 D 辑(地球科学),37(8):1101-1109.

任宏利,丑纪范.2007.数值模式的预报策略和方法研究进展[J].地球科学进展,22(4):376-385.

任宏利,丑纪范.2005.统计－动力相结合的相似误差订正法[J].气象学报,63(6):988-993.

孙林海,赵振国,许力,等.2005.中国东部季风区夏季雨型的划分及其环流成因分析[J].应用气象学报,16(Suppl):56-62.

陶诗言,朱福康.1964.夏季亚洲南部 100 毫巴流型的变化及其与西太平洋副热带高压进退的关系[J].气象学报,34(4):385-395.

王绍武.2001.现代气候学研究进展[M].北京:气象出版社:306-311.

王绍武.2001.现代气候学研究进展[M].北京:气象出版社:341-363.

王遵娅,丁一汇.2008.夏季长江中下游旱涝年季节内振荡气候特征[J].应用气象学报,19(6):710-715.

熊开国,封国林,黄建平,等.2012.最优多因子动态配置的东北汛期降水相似动力预报试验[J].气象学报,70(2):213-221.

晏红明,段玮,肖子牛.2003.东亚冬季风与中国夏季气候变化[J].热带气象学报,19(4):367-376.

杨辉,李崇银.2003.江淮流域夏季严重旱涝与大气季节内振荡[M]//黄荣辉,等.我国旱涝重大气候灾害及其形成机理研究.北京:气象出版社:276-285.

杨修群,朱益民,谢倩.2004.太平洋年代际振荡的研究进展[J].大气科学,28(6):179-992.

张庆云,陶诗言.1998.亚洲中高纬度环流对东亚夏季降水的影响[J].气象学报,56(2):199-211.

张庆云,陶诗言,陈列庭.2003.东亚夏季风指数的年际变化与东亚大气环流[J].气象学报,61(4):559-568.

张秀丽,郭品文,何金海.2002.1991 年夏季长江中下游降水和风场的低频振荡特征分析[J].南京气象学院学报,25(3):388-394.

赵振国.1999.中国夏季旱涝及环境场[M].北京:气象出版社:75-78.

郑庆林,杜行远.1973.使用多时刻观测资料的数值天气预报新模式[J].中国科学,(2):289-297.

郑志海,黄建平,任宏利.2009.基于季节气候可预报分量的相似误差订正方法和数值试验[J].物理学报,58(10):7359-7367.

中国水利部长江水利委员会.2002.长江流域水旱灾害[M].北京:中国水利水电出版社.

朱艳峰,陈德亮,李维京,等.2007.Lamb－Jenkinson 环流客观分型方法及其在中国的应用[J].南京气象学院学报,30(3):289-297.

朱艳峰,陈德亮,李维京,等.2007.Lamb－Tcnkinson 环流客观分型方法及其在中国的应用.南京气象学院学报,30(3):289-297.

邹力,倪允琪.1997.ENSO 对亚洲夏季风异常和我国夏季降水的影响[J].热带气象学报,13(4):306-314.

Anthony G,Barnston,Arun Kumar,et al.2005.Improving seasonal prediction practices through attribution of climate variability[J].*Bull Amer Met Soc*,**86**:59-72.

Feng Guolin,Cao Hongxing,Gao Xinquan,et al.2001.Prediction of Precipitation during Summer Monsoon with Self-memorial Model[J].*Adv Atmos Sci*,**18**(5):701-709.

http://www.cpc.ncep.noaa.gov/products/precip/CWlink/MJO/enso.shtml.

Huang J P,Yi Y H,Wang S W,et al.1993.An analogue-dynamical long-range numerical weather prediction system incorporating historical evolution[J].*Quart J Roy Meteor Soc*,**119**:547-565.

Kwon M,Jhun J G,Ha K J.2007.Decadal change in East Asian summer monsoon circulation in the mid-1990s[J].*Geophys Res Lett*,34:L21706,doi:10.1029/2007GL031977.

Lu Riyu，Ye Hong，Jong-Ghap Jhun. 2001. Weakening of Interannual Variability in the Summer East Asian Upper-tropospheric Westerly Jet since the Mid-1990s[J]. *Advances in Atmospheric Sciences*，(6)：1246-1258.

Madden R A，Julian P R. 1971. Detection of a 40～50 day oscillation in the zonal wind in the tropical Pacific [J]. *J Atmos Sci*，**28**(5)：702-708.

Mantua N J，Hare S R，Zhang Y，*et al*. 1997. A Pacific interadecadal climate oscillation with impacts on salmon production[J]. *Bull Amer Meteor Soc*，**78**：1069-1079.

Mo Ruping，Straus D M. 2002. Statistical-Dynamical Seasonal Prediction Based on Principal Component Regression of GCM Ensemble Integrations[J]. *Mon Wea Rev*，**130**：2167-2187.

Rasmusson E M，Carpenter T H. 1982. Variation in tropical sea surface temperature and surface wind fields associated with the Southern Oscillation/El Niño[J]. *Mon Wea Rev*，**110**：354-384.

Smith T M，Reynolds R W，Thomas C Peterson，*et al*. 2008. Improvements to NOAA's Historical Merged Land-Ocean Surface Temperature Analysis (1880—2006)[J]. *Journal of Climate*，**21**：2283-2296.

Thomas A G. 1970. Statistical-Dynamical Prediction[J]. *J Appl Meteor*，**8**：333-344.

Tippett M K，Goddard L，Barnston A G. 2005. Statistical-Dynamical Seasonal Forecasts of Central-Southwest Asian Winter Precipitation. *J. Climate*，**18**：1831-1843.

Trenberth K E. 1997. The definition of El Niño[J]. *Bull Amer Meteor Soc*，**78**：2771-2777.

Yasunari T. 1979. Cloudiness fluctuations associated with the Northern Hemisphere summer monsoon [J]. *J Meteor Soc Japan*，**57**：227-242.

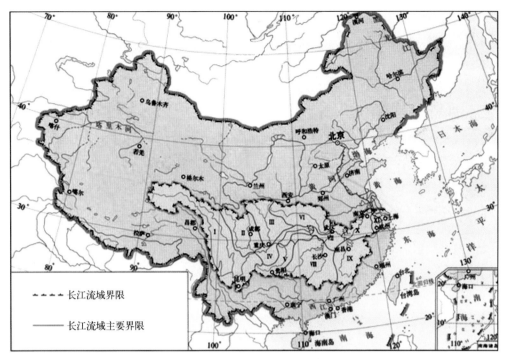

彩图 1.1 长江流域的地理位置

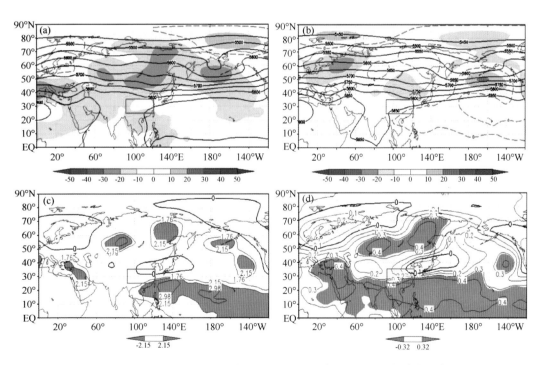

彩图 2.23 夏季典型旱年(a,c)和涝年(b,d) 500 hPa 高度场及距平场合成分布(dagpm)
(等值线为高度场合成,阴影为距平场合成)旱涝年差值 t 检验及降水指数与 500 hPa 高度场相关
(c,d 中阴影区为通过 95% 置信度检验的区域)

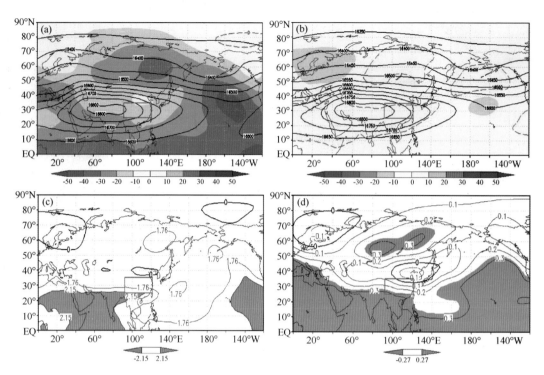

彩图 2.24　夏季典型旱年(a、c)和涝年(b、d) 100 hPa 高度场及距平场合成分布(dagpm)
(等值线为高度场合成,阴影为距平场合成)旱涝年差值 t 检验及降水指数与 500 hPa 高度场相关
(c、d 中阴影区为通过 95％置信度检验的区域)

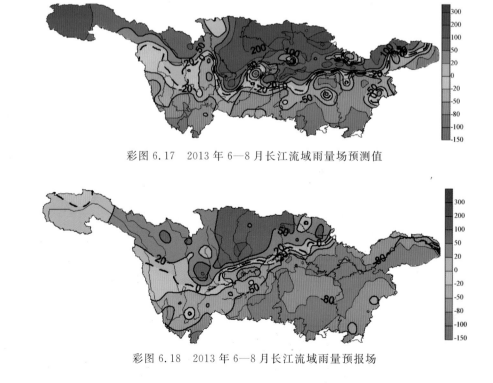

彩图 6.17　2013 年 6—8 月长江流域雨量场预测值

彩图 6.18　2013 年 6—8 月长江流域雨量预报场